AI短视频制作

可灵AI+剪映AI+即梦AI 一本通

龙飞◎编著

化学工业出版社
·北京·

内 容 简 介

本书是一本AI短视频制作教程，主要讲解了国产三款AI工具：可灵、剪映和即梦使用方法与技巧，随书赠送了120分钟同步教学视频，以及115个素材+效果+提示词资源。

本书一共分为4篇，具体内容如下：

【可灵AI篇】：介绍了运用可灵实现文生视频、图生视频、延长短视频的步骤，以及AI短视频的其他玩法，如剪同款、一键出片、AI创作视频。

【剪映AI篇：手机版】：介绍了运用剪映手机版进行剪同款、特效制作的内容，以及一键成片、营销成片等AI功能的使用。

【剪映AI篇：电脑版】：介绍了运用剪映电脑版进行模板生视频、素材生视频、图文成片、数字人视频制作、画面智能剪辑、音频智能处理等的步骤。

【即梦AI篇】：介绍了运用即梦进行文生图、图生图、文生视频、图生视频等AI短视频制作的内容。

本书结构清晰，语言简洁，适合以下人群阅读：一是希望通过短视频展示创意、分享生活或进行品牌推广的内容创作者；二是需要通过短视频进行产品营销和品牌宣传的新媒体营销人员；三是对AI技术感兴趣，并希望在视频制作领域应用这些技术的爱好者和独立开发者；四是将短视频作为教学工具或课程内容的教育工作者和培训师，以及需要学习AI短视频制作的学生。

图书在版编目（CIP）数据

AI短视频制作 ： 可灵AI＋剪映AI＋即梦AI一本通 ／

龙飞编著. -- 北京 ： 化学工业出版社，2024. 12.（2025.4重印）

ISBN 978-7-122-46555-9

Ⅰ．TN948.4-39

中国国家版本馆CIP数据核字第2024HQ9943号

责任编辑：吴思璇 李 辰　　　　　　　　封面设计：异一设计
责任校对：李雨函　　　　　　　　　　　　装帧设计：盟诺文化

出版发行：化学工业出版社（北京市东城区青年湖南街13号 邮政编码100011）
印　　装：天津市银博印刷集团有限公司
710mm×1000mm　1/16　印张13¼　字数263千字　2025年4月北京第1版第3次印刷

购书咨询：010-64518888　　　　　　　　售后服务：010-64518899
网　　址：http://www.cip.com.cn
凡购买本书，如有缺损质量问题，本社销售中心负责调换。

定　　价：79.80元

Preface
前言

☆ 写作驱动

随着数字媒体的蓬勃发展，短视频已成为人们生活中不可或缺的一部分。它以独特的魅力吸引着全球观众的目光，同时也为创作者提供了展示创意的舞台。然而，短视频的制作并非易事，它涉及创意构思、技术实现、编辑剪辑等多个环节，这些环节往往需要专业的技能和大量的时间投入。

在本书中，我们深入探讨了AI技术如何帮助人们解决短视频制作的痛点。无论是技术门槛的降低，还是时间效率的提升，抑或是个性化定制的实现，AI技术都展现出了巨大的潜力。通过可灵AI、剪映AI、即梦AI平台的实操指南，本书提供了从一键生成、智能剪辑到虚拟角色创建等全方位的短视频解决方案。

特别值得一提的是，本书在AI技术的运用上做了深入的探讨和实践。AI的高效性不仅体现在快速生成和编辑视频方面，更在于它能够根据用户的个性化需求提供定制化的解决方案。这在传统的视频制作中是难以想象的。

☆ 本书特色

① 多平台覆盖：本书详细介绍了可灵AI、剪映AI和即梦AI 3个不同平台的使用技巧，为读者提供了广泛的短视频制作工具选择思路。

② AI驱动：本书强调了人工智能在短视频制作中的应用，包括一键生成、智能剪辑、数字人视频等，展示了如何利用AI技术简化视频制作流程。

③ 实用性强：本书提供了从基础操作到高级技巧的全面指导，适合初学者和有经验的视频制作者，帮助他们提升短视频的制作技能。

④ 案例丰富：书中提供了丰富的实战案例，让读者通过具体实例学习如何应用AI技术解决短视频制作中的问题。

⑤ 资源丰富：书中提供了多种图片和视频素材的制作方法，以及如何利用AI技术进行音频处理，丰富了短视频的表现形式。

⑥ 简单易学：本书简化了短视频的编辑和生成过程，通过AI技术减少了烦琐的手动操作，提高了短视频制作效率。

☆ 特别提醒

① 版本更新：在编写本书时，是基于当前各种AI工具和软件截的实际操作图，但本书从编辑到出版需要一段时间，这些工具的功能和界面可能会有变动，请在阅读时，根据书中的

思路，举一反三，进行学习。其中，快影App为6.54.0.654003版本、剪映App为14.4.0版本、剪映专业版为5.9.0版本，其他软件工具均为编写图书时官方推出的最新版本。

② 关于会员功能：有的工具软件的部分功能需要开通会员才能使用，虽然有些功能有免费的次数可以试用，但是开通会员之后，就可以无限使用或增加使用次数。对于AI短视频的深度用户，建议开通会员，这样就能使用更多的功能和得到更多的玩法体验。

③ 提示词的使用：在通过AI技术生成内容时，即使是相同的文字描述和操作指令，AI每次生成的效果也不会完全一样，因此通过本书进行学习时，请读者注重实践操作的重要性。

在进行创作时，需要注意版权问题，应当尊重他人的知识产权。另外，读者还需要注意安全问题，应当遵循相关法律法规和安全规范，确保作品的安全性和合法性。

☆ 资源获取

如果读者需要获取书中案例的素材、提示词、效果和视频，请使用微信/QQ的"扫一扫"功能按需扫描下列对应的二维码，或参考本书封底信息。

读者QQ群　　　　　　　扫码看视频（样例）

☆ 作者售后

本书由龙飞编著，参与编写的人员有高彪等人，提供素材和拍摄帮助的人员还有向小红等人，在此表示感谢。由于作者知识水平有限，书中难免有疏漏之处，恳请广大读者批评、指正，沟通和交流请联系微信：2633228153。

Contents|
目录|

【可灵 AI 篇】

【剪映 AI 篇：手机版】

【剪映 AI 篇：电脑版】

【即梦 AI 篇】

【可灵 AI 篇】

第 1 章　文生视频

可灵AI可分为两个版本，一个是手机版的快影App "AI生视频"，另一个是网页版的KLING（可灵大模型）官网。这两个版本都可以进行文生视频（使用文本信息生成AI短视频）操作，本章就来介绍具体的操作技巧。

1.1 可灵 AI 文生视频

【效果展示】：借助快影App"AI生视频"的"文生视频"功能，可以使用文本信息快速生成短视频，效果如图1-1所示。

图 1-1 运用可灵 AI 文生视频制作的短视频效果

1.1.1 安装并登录快影App

可灵AI的手机端属于快影App的一部分，因此要使用可灵AI手机端生成AI短视频，需要先安装并登录快影App。下面介绍安装并登录 扫码看教学视频
快影App的具体操作步骤。

步骤 01 打开手机，点击手机桌面上的"软件商店"图标，如图1-2所示。

步骤 02 在软件商店的搜索框中输入"快影"进行搜索，点击"快影"右侧的"安装"按钮，如图1-3所示，进行App的安装。

步骤 03 App下载安装完成后，"安装"按钮会变成"打开"按钮，点击"打开"按钮，如图1-4所示。

步骤 04 进入快影App，会弹出"用户协议及隐私政策"面板，点击该面板中的"同意并进入"按钮，如图1-5所示。

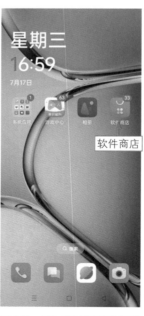

图 1-2 点击"软件商店"图标　　图 1-3 点击"安装"按钮

图 1-4　点击"打开"按钮　　　　　图 1-5　点击"同意并进入"按钮

步骤 05　进入快影 App 的"剪辑"界面，点击界面中的"我的"按钮，如图 1-6 所示，进行界面的切换。

步骤 06　进入"我的"界面，选中相应的复选框，点击"使用快手登录"按钮，如图 1-7 所示，进行账号的登录。

图 1-6　点击"我的"按钮　　　　　图 1-7　点击"使用快手登录"按钮

步骤 07 在弹出的"'快影'想要打开'快手'"面板中，点击"打开"按钮，如图 1-8 所示。

步骤 08 跳转至快手 App 的相关界面，进行账号的登录。如果"我的"界面中显示账号的相关信息，就说明账号登录成功了，如图 1-9 所示。

图 1-8　点击"打开"按钮

图 1-9　账号登录成功

1.1.2　生成初步的短视频

扫码看教学视频

登录账号之后，用户便可以使用快影App的可灵AI来快速生成初步的短视频，具体操作步骤如下。

步骤 01 打开快影App，点击"剪辑"界面中的"AI创作"按钮，如图1-10所示，进行界面的切换。

步骤 02 进入"AI创作"界面，点击"AI生视频"板块中的"生成视频"按钮，如图1-11所示，进入可灵AI手机版。

步骤 03 进入"AI生视频"界面的"文生视频"选项卡，点击"文字描述"下方的输入框，如图1-12所示。

步骤 04 输入相应的提示词，如图1-13所示，描述短视频的内容。

步骤 05 根据自身需求设置视频质量、时长和比例等短视频生成信息，如图1-14所示。

图1-10　点击"AI创作"按钮

图1-11　点击"生成视频"按钮

图1-12　点击"文字描述"下方的输入框

步骤06 点击界面中的"生成视频"按钮，如图1-15所示，进行短视频的生成。

图1-13　输入相应的提示词

图1-14　设置短视频生成信息

图1-15　点击"生成视频"按钮

5

步骤07 执行操作后，会跳转至"处理记录"界面，并生成对应的短视频，点击短视频封面右侧的"预览"按钮，如图1-16所示。

步骤08 进入新的"AI生视频"界面，即可查看初步生成的短视频效果，如图1-17所示。

图 1-16　点击"预览"按钮

图 1-17　查看初步生成的短视频效果

1.1.3　调整短视频的效果

扫码看教学视频

初步生成短视频之后，用户可以借助快影App对短视频进行一些调整，提升短视频的整体效果，具体操作步骤如下。

步骤01 点击"AI生视频"界面中的"去剪辑"按钮，如图1-18所示。

步骤02 进入快影App的短视频剪辑界面，点击"音频"按钮，如图1-19所示，为短视频添加背景音乐。

步骤03 点击二级工具栏中的"音乐"按钮，如图1-20所示。

步骤04 进入"音乐库"界面，点击所需音乐类型对应的按钮，如点击"轻音乐"按钮，如图1-21所示。

步骤05 进入"热门分类"界面的"轻音乐"选项卡，选择所需的背景音乐，点击"使用"按钮，如图1-22所示。

图 1-18　点击"去剪辑"按钮　　图 1-19　点击"音频"按钮　　图 1-20　点击"音乐"按钮

步骤06 执行操作后，如果音频轨道中出现对应的音频素材，就说明背景音乐添加成功了，如图1-23所示。

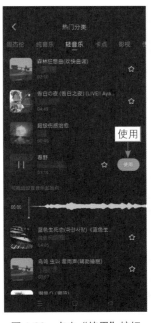

图 1-21　点击"轻音乐"按钮　　图 1-22　点击"使用"按钮　　图 1-23　背景音乐添加成功

7

★ 专家提醒 ★

下面是一些关键步骤和建议,可以帮助用户编写出更具影响力的提示词。

(1)明确目标与主题:在开始制作短视频之前,明确希望短视频展现的主题、风格和内容,这将帮助你精准地选择相关的文本描述和词汇。

(2)识别关键元素:思考你希望在短视频中出现的核心元素,如场景、物体、人物或动物,并将它们融入提示词。

(3)添加风格与情感:根据你期望的短视频风格(如现实主义、印象派、超现实主义)和情感氛围(如欢乐、宁静、神秘),在提示词中加入相应的描述。

(4)具体而详细:使用具体、详细的文本描述,以指导AI生成短视频的具体细节和效果,使生成的短视频符合细节要求。

(5)平衡与简洁:在提供足够的信息和保持提示词简洁之间找到平衡,过于冗长的提示词可能会使模型感到困惑。

(6)避免矛盾与模糊:确保提示词内部没有矛盾,并且避免使用模糊不清或与主题不符的文本描述,以免误导AI模型。

(7)考虑文化因素:考虑到文化背景和语境对词汇的影响,不同的文化可能对同一词汇有不同的解读。例如,如果目标受众熟悉东方文化,可以加入"如中国山水画般的背景"来引发文化共鸣。

(8)实践与调整:不同的提示词组合可能会产生不同的效果,用户要勇于尝试和调整,以找到最适合自己的提示词组合。

例如,想生成一段生日蛋糕的视频效果,提示词可以这样写:"一个草莓生日蛋糕,上面有粉红色的奶油和点燃的蜡烛,在黑暗的背景下,闪闪发光,画面具有宁静的氛围感。"

在这段提示词中,目标主体明确,讲述的是一个草莓生日蛋糕,蛋糕上面的装饰元素也描述到位了,对场景环境也进行了讲解,这样生成的视频效果通常会比较理想。

1.1.4 导出短视频

在快影App中制作好可灵AI短视频之后,用户可以通过简单的操作,将其保存至自己的手机相册中,具体操作步骤如下。

扫码看教学视频

步骤01 快影App默认导出的是清晰度为720P(Progressive,逐行扫描)的短视频,如果要调整导出短视频的清晰度,可以点击720P按钮,如图1-24所示。

步骤02 在弹出的面板中,设置短视频的导出信息,点击"做好了"按钮,如图1-25所示。

步骤03 在弹出的"导出选项"面板中，点击"保存并发布到快手"按钮，如图1-26所示。

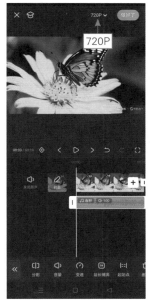  

图 1-24　点击 720P 按钮　　图 1-25　点击"做好了"按钮　　图 1-26　点击"保存并发布到快手"按钮

步骤04 执行操作后，会进行短视频的导出，并显示短视频的导出进度，如图1-27所示。

步骤05 如果新跳转的界面中显示"视频已保存"，就说明短视频导出成功了，如图1-28所示。

图 1-27　显示短视频的导出　　图 1-28　短视频导出成功
　　　　　进度

1.2 KLING 文生视频

【效果展示】：KLING是可灵的网页版，使用KLING的"文生视频"功能，同样可以快速生成一条AI短视频，效果如图1-29所示。

图 1-29 运用 KLING 文生视频功能制作的短视频效果

1.2.1 登录KLING的账号

要想使用KLING生成AI短视频，同样需要先登录账号。下面介绍登录KLING账号的具体操作步骤。

扫码看教学视频

步骤01 在浏览器（如谷歌搜索）中输入并搜索KLING，单击搜索结果中的KLING官网超链接，如图1-30所示，即可进入KLING的官网。

图 1-30 单击 KLING 的官网超链接

步骤02 进入KLING的官网，单击页面右上方的English（英文）按钮，在弹出的列表中，选择"简体中文"选项，如图1-31所示，让网页内容以中文的形式进行呈现。

步骤03 执行操作后，即可用中文呈现网页内容，单击"立即体验"按钮，如图1-32所示。

图 1-31　选择"简体中文"选项

图 1-32　单击"立即体验"按钮

步骤 04 进入"可灵AI"页面，单击页面右上方的"登录"按钮，如图1-33
所示，进行账号的登录。

图 1-33　单击"登录"按钮

步骤 05 弹出"欢迎登录"对话框，在该对话框中可以通过手机或扫码进行
登录。以手机登录为例，用户只需输入手机号码和验证码，并单击"立即创作"
按钮，如图1-34所示，即可登录KLING的账号。

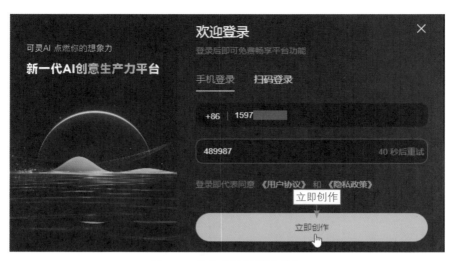

图 1-34　单击"立即创作"按钮

1.2.2　生成初步的短视频

扫码看教学视频

登录KLING的账号之后，用户可以输入文字信息，直接生成初步的短视频，具体操作步骤如下。

步骤01 进入可灵AI的"首页"页面，单击"AI视频"按钮，如图1-35所示，使用可灵大模型的AI视频生成功能。

图 1-35　单击"AI 视频"按钮

步骤02 进入"文生视频"页面，在该页面中输入提示词，设置短视频的生成参数，单击"立即生成"按钮，如图1-36所示，即可生成短视频。

图1-36　单击"立即生成"按钮

★ 专家提醒 ★

在使用可灵 AI 生成视频时，提示词的编写顺序对最终生成的视频效果具有显著影响。虽然并没有绝对固定的规则，但下面这些建议性的指导原则，可以帮助用户更加有效地组织提示词，以便得到理想的视频效果。

（1）突出主要元素：在编写提示词时，首先明确并描述画面的主题或核心元素，模型通常会优先关注提示词序列中的初始部分，因此将主要元素放在前面可以增加其权重。

（2）定义风格和氛围：在确定了主要元素后，紧接着添加描述整体感觉或风格的词汇，这样可以帮助模型更好地把握画面的整体氛围和风格基调。如果用户没有明确视频风格，那么这一步也可以跳过。

（3）细化具体细节：在明确了主要元素和整体风格后，继续添加更具体的细节描述，能够进一步指导模型渲染出更丰富的画面特征。例如，在"参观一个艺术画廊"这个提示词的基础上，加入"里面有许多不同风格的艺术作品"，这样模型将能够更好地捕捉和呈现艺术画廊内的艺术作品和氛围。

（4）补充次要元素：最后可以添加一些次要元素或对整体视频影响较小的文本描述，这些元素虽然不是画面的焦点，但它们的加入可以增加视频的层次，使画面更丰富。

步骤03 执行操作后，即可根据输入的提示词和设置的参数信息，初步生成一条的短视频，如图1-37所示。

图 1-37　初步生成一条短视频

1.2.3　调整短视频的效果

在KLING平台中无法直接对短视频进行调整，用户可以将制作的短视频下载到电脑中，再上传至剪辑软件（如剪映电脑版）中，对短视频进行调整，具体操作步骤如下。

扫码看教学视频

步骤01 单击对应短视频下方的 按钮，如图1-38所示，将短视频下载至电脑中。

图 1-38　单击 按钮

步骤02 启动剪映电脑版，将下载的短视频添加至"媒体"功能区，单击短视频右下方的"添加到轨道"按钮 ，如图1-39所示，将其作为素材添加至视频轨道中。

步骤03 单击"音频"按钮，如图1-40所示，切换功能区，为短视频素材添加背景音乐。

图 1-39 单击"添加到轨道"按钮➕（1）

图 1-40 单击"音频"按钮

步骤 04 进入"音频"功能区，在"音乐素材"选项卡的搜索框中输入背景音乐的关键词，如输入"吉他纯音乐"，如图1-41所示。

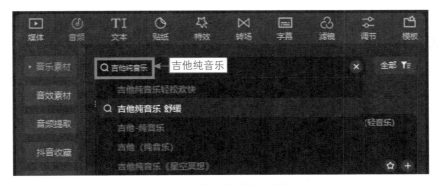

图 1-41 输入"吉他纯音乐"

步骤05 按Enter键确认，即可搜索到相关的音乐，单击对应音乐右下方的"添加到轨道"按钮 ，如图1-42所示。

图1-42　单击"添加到轨道"按钮 （2）

步骤06 执行操作后，即可将所选的背景音乐添加至音频轨道中，拖曳时间线至短视频的结束位置，选择音频素材，单击"向右裁剪"按钮 ，如图1-43所示，即可删除多余的背景音乐，完成背景音乐的添加。如果用户只需给短视频添加背景音乐，那么短视频的调整便完成了。

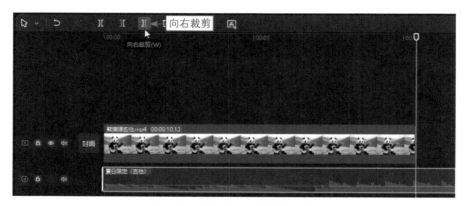

图1-43　单击"向右裁剪"按钮

★ 专 家 提 醒 ★

因为KLING生成的短视频是没有任何声音的，所以为了提升短视频的整体效果，通常需要为生成的短视频配上合适的背景音乐。当然，除了背景音乐，用户还可以对短视频进行其他的调整，在实际操作过程中，只需根据自身需求进行相关操作即可。

1.2.4　导出短视频

调整好利用KING文生视频功能生成的短视频效果后，即可将短视频导出并保存至电脑中，具体操作步骤如下。

步骤 01 单击剪映电脑版剪辑界面中的"导出"按钮，如图1-44所示，进行短视频的导出。

图 1-44　单击"导出"按钮

步骤 02 在弹出的"导出"对话框中设置短视频的导出信息，单击"导出"按钮，即可导出短视频。如果显示"导出完成，去发布！"就说明短视频导出成功了，如图1-45所示。

图 1-45　短视频导出成功

17

第 2 章　图生视频

　　图生视频，就是使用图片进行短视频的生成。借助可灵AI的相关功能，用户只需上传图片，即可将上传的图片作为素材，生成一条AI短视频。本章将以快影App和KLING为例，介绍具体的操作技巧。

2.1　可灵 AI 图生视频

【效果展示】：借助快影App"AI生视频"的"图生视频"功能，用户只需上传图片素材，并对相关信息进行简单的设置，即可快速生成一条AI短视频，效果如图2-1所示。

图 2-1　运用可灵 AI 图生视频功能制作的短视频效果

2.1.1　上传图片素材

扫码看教学视频

如果用户要在快影App的可灵AI中生成特定的短视频，可以上传图片素材，让可灵AI根据图片内容进行短视频的生成。那么，如何在快影App的可灵AI中上传图片素材呢？下面就来介绍具体的操作步骤。

步骤01 打开快影App，进入"AI生视频"的"文生视频"选项卡，点击"图生视频"按钮，如图2-2所示，进行选项卡的切换。

步骤02 切换至"图生视频"选项卡，点击"选择相册图片"按钮，如图2-3所示，进行图片素材的上传。

步骤03 进入"相册"界面，选择需要上传的图片，如图2-4所示。

图 2-2　点击"图生视频"按钮　　图 2-3　点击"选择相册图片"　　图 2-4　选择需要上传的图片
　　　　　　　　　　　　　　　　　　　　　按钮

步骤 04 执行操作后，会导入素材，并显示素材的导入进度，如图2-5所示。

步骤 05 如果"上传图片"板块中显示刚刚选择的图片素材，就说明图片素材上传成功了，如图2-6所示。

图 2-5　显示素材的导入进度

图 2-6　图片素材上传成功

2.1.2 生成初步的短视频

图片素材上传成功后，用户可以使用图片素材快速生成初步的短视频，具体操作步骤如下。

步骤 01 在上传的图片素材的下方，输入生成短视频的提示词，如图2-7所示。

步骤 02 点击"高表现"按钮，如图2-8所示，进行视频质量的设置。

步骤 03 点击"生成视频"按钮，如图2-9所示，进行短视频的生成。

步骤 04 执行操作后，会跳转至"处理记录"界面，并生成对应的短视频，如图2-10所示。

★ 专家提醒 ★

下面这些注意事项将帮助用户进一步优化提示词，提升视频的生成效果。

（1）简洁精练：虽然详细的提示词有助于指导模型，但过于冗长的提示词可能会导致模型混淆，因此应尽量保持提示词简洁而精确。

（2）平衡全局与细节：在描述具体细节时，不要忽视整体概念，确保提示词既展现全局，又包含关键细节。

（3）发挥创意：使用比喻和象征性语言，可以激发模型的创意，生成独特的视频效果。

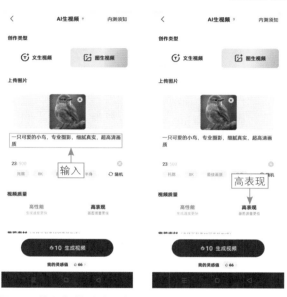

图2-7 输入生成短视频的提示词　　图2-8 点击"高表现"按钮

图2-9 点击"生成视频"按钮

图2-10 生成对应的短视频

21

（4）合理运用专业术语：若用户对某领域有深入了解，可以运用相关专业术语以获得更专业的结果，如"巴洛克式建筑，精致的雕刻细节"。

2.1.3 调整短视频的效果

扫码看教学视频

使用可灵AI的"图生视频"功能生成初步的短视频之后，用户可以对短视频进行一些调整，提升短视频的整体效果。下面就以添加背景音乐为例，讲解具体的操作步骤。

步骤 01 点击短视频封面右侧的"预览"按钮，进入"AI生视频"界面，预览短视频的效果。点击"去剪辑"按钮，如图2-11所示，进行界面的切换。

步骤 02 进入快影App的短视频剪辑界面，点击"音频"按钮，如图2-12所示，为短视频添加背景音乐。

图2-11 点击"去剪辑"按钮

图2-12 点击"音频"按钮

步骤 03 点击二级工具栏中的"音乐"按钮，如图2-13所示。

步骤 04 进入"音乐库"界面，点击所需音乐对应的按钮，如点击"纯音乐"按钮，如图2-14所示。

步骤 05 进入"热门分类"界面，在"纯音乐"选项卡中选择所需的背景音乐，点击"使用"按钮，如图2-15所示。

步骤 06 执行操作后，如果音频轨道中出现对应的音频素材，就说明背景音乐添加成功了，如图2-16所示。

图 2-13 点击"音乐"按钮

图 2-14 点击"纯音乐"按钮

图 2-15 点击"使用"按钮

图 2-16 背景音乐添加成功

2.1.4 导出短视频

对短视频进行调整并获得满意的效果之后，用户可以快速导出短视频，具体操作步骤如下。

步骤 01 点击短视频编辑界面中的"做好了"按钮，如图2-17所示。

步骤 02 在弹出的"导出选项"面板中，点击"保存并发布到快手"按钮，如图2-18所示。

步骤 03 执行操作后，即可导出短视频，如果新跳转的界面中显示"视频已保存"，就说明短视频导出成功了，如图2-19所示。

图 2-17　点击"做好了"按钮　　图 2-18　点击"保存并发布到快手"　　图 2-19　短视频导出成功
　　　　　　　　　　　　　　　　　　　　　　按钮

★ 专 家 提 醒 ★

直接导出的短视频会使用原始的导出信息，如果用户对短视频的导出信息有特定的要求，可以点击"原始"按钮，进行相关的设置。

2.2　KLING 图生视频

【效果展示】：借助KLING的"图生视频"功能，用户只需上传图片素材，并设置短视频的生成信息，即可快速生成一条短视频，效果如图2-20所示。

图 2-20　运用 KLING 图生视频功能制作的短视频效果

2.2.1　上传图片素材

扫码看教学视频

在KLING平台中使用"图生视频"功能生成短视频时，需要先上传一张图片素材，下面就来介绍具体的操作步骤。

步骤01　单击"文生视频"页面中的"图生视频"按钮，如图2-21所示，进行页面的切换。

步骤02　进入"图生视频"页面，单击"点击/拖拽/粘贴"按钮，如图2-22所示。

图 2-21　单击"图生视频"按钮

图 2-22　单击"点击/拖拽/粘贴"按钮

步骤**03** 在弹出的"打开"对话框中，选择要上传的图片素材，单击"打开"按钮，如图2-23所示。

步骤**04** 返回"图生视频"页面，如果页面中显示刚刚选择的图片，就说明图片素材上传成功了，如图2-24所示。

图2-23 单击"打开"按钮

图2-24 图片素材上传成功

2.2.2 生成初步的短视频

扫码看教学视频

上传图片素材之后，用户可以对生成信息进行设置，并快速生成初步的短视频，具体操作步骤如下。

步骤**01** 在"图生视频"页面中输入视频的提示词，并设置视频的参数信息，如图2-25所示。

步骤**02** 输入不希望出现的内容，单击"立即生成"按钮，如图2-26所示。

图2-25 设置视频的参数信息

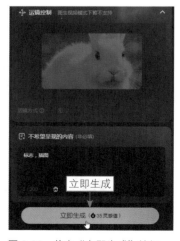

图2-26 单击"立即生成"按钮

步骤03 执行操作后，即可使用上传的图片和设置的信息，生成一条初步的短视频，如图2-27所示。

图 2-27　生成一条初步的短视频

2.2.3　调整短视频的效果

扫码看教学视频

生成初步的短视频之后，用户可以对短视频进行调整，提升短视频的整体效果。下面就以添加背景音乐为例，为大家讲解具体的操作步骤。

步骤01 单击对应短视频下方的 ⬇ 按钮，将短视频下载至电脑中。启动剪映电脑版，将下载的短视频添加至"媒体"功能区中，单击短视频右下方的"添加到轨道"按钮 ➕，如图2-28所示。

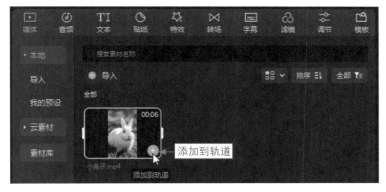

图 2-28　单击"添加到轨道"按钮 ➕（1）

步骤 02 单击"音频"按钮，进入"音频"功能区，在"音乐素材"选项卡中的搜索框内输入背景音乐的关键词，搜索相关的音乐，单击对应音乐右下方的"添加到轨道"按钮，如图2-29所示。

图 2-29　单击"添加到轨道"按钮（2）

步骤 03 执行操作后，即可将所选的背景音乐添加至视频轨道中，拖曳时间线至短视频的结束位置，选择音频素材，单击"向右裁剪"按钮，如图2-30所示，即可删除多余的背景音乐，完成背景音乐的添加。如果用户只想给短视频添加背景音乐，那么短视频的调整便完成了。

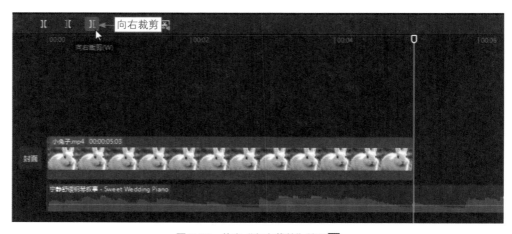

图 2-30　单击"向右裁剪"按钮

2.2.4 导出短视频

使用剪辑软件调整短视频的效果之后，用户可以将短视频保存至电脑中的合适位置，下面介绍具体的操作步骤。

步骤01 单击剪映电脑版剪辑页面中的"导出"按钮，如图2-31所示，进行短视频的导出。

图 2-31　单击"导出"按钮

步骤02 在弹出的"导出"对话框中设置短视频的导出信息，单击"导出"按钮，即可导出短视频。如果"导出"对话框中显示"导出完成，去发布！"就说明短视频导出成功了，如图2-32所示。

图 2-32　短视频导出成功

第 3 章　延长短视频

　　使用可灵AI手机版或网页版生成短视频之后，如果用户觉得视频时长太短，可以对短视频时长进行延长，达到续写内容的目的。本章将分别介绍使用可灵AI和KLING延长短视频的具体操作技巧。

3.1　利用可灵 AI 延长视频时长

【效果展示】：借助快影App的可灵AI功能生成短视频之后，用户可以借助"延长"功能对短视频时长进行延长，并使用剪辑软件为短视频添加背景音乐，获得一条时长更长的短视频，效果如图3-1所示。

图 3-1　运用可灵 AI 延长短视频时长的效果

3.1.1　延长短视频时长

扫码看教学视频

使用快影App的可灵AI功能，用户只需单击"延长"按钮，并进行简单的操作，即可让短视频延长4.5秒，具体操作步骤如下。

步骤01　进入快影App的"处理记录"界面，单击对应短视频封面右侧的"预览"按钮，进入对应短视频的预览界面，点击"作品信息"面板中的"延长视频"按钮，如图3-2所示。

步骤02　在弹出的面板中，用户既可以使用原来的提示词延长短视频，也可以对提示词进行调整之后再延长短视频。以使用原来的提示词延长短视频为例，用户只需点击"确认延长"按钮即可，如图3-3所示。

步骤03 执行操作后，如果"处理记录"界面中出现一条新的短视频，就说明短视频延长成功了，如图3-4所示。

图 3-2　点击"延长视频"按钮　　图 3-3　点击"确认延长"按钮　　图 3-4　短视频延长成功

★ 专 家 提 醒 ★

在快影 App 中，用户每次可以将短视频延长 4.5 秒。如果用户觉得延长之后短视频的时长还是太短了，可以持续对短视频进行延长。截至 2024 年 7 月，快影 App 的可灵 AI 可生成的短视频时长最长可达 3 分钟。

3.1.2　调整延长时长的短视频

使用可灵AI延长短视频的时长之后，用户可以通过快影App来调整短视频的效果。下面就以添加背景音乐为例，为大家讲解具体的操作步骤。

扫码看教学视频

步骤01 进入对应短视频的预览界面，点击"去剪辑"按钮，如图3-5所示，进行界面的切换。

步骤02 进入快影App的短视频剪辑界面，依次点击"音频"和"音乐"按钮，如图3-6所示，为短视频添加背景音乐。

步骤03 进入"音乐库"界面，点击界面上方的搜索框，在搜索框中输入背景音乐的关键词，点击"搜索"按钮，如图3-7所示。

图 3-5　点击"去剪辑"按钮　　图 3-6　点击"音乐"按钮　　图 3-7　点击"搜索"按钮

步骤 04 选择所需的背景音乐，点击"使用"按钮，如图3-8所示。

步骤 05 执行操作后，如果音频轨道中出现对应的音频素材，就说明背景音乐添加成功了，如图3-9所示。

图 3-8　点击"使用"按钮　　　　　图 3-9　背景音乐添加成功

33

3.1.3 导出短视频

对延长时长的短视频进行调整之后，用户可以快速导出短视频，具体操作步骤如下。

步骤 **01** 点击短视频剪辑界面中的"做好了"按钮，如图3-10所示。

步骤 **02** 在弹出的"导出选项"面板中，点击下载↓按钮，如图3-11所示。

步骤 **03** 执行操作后，会进行短视频的导出，如果新跳转的界面中显示"视频已保存至相册和草稿"，就说明短视频导出成功了，如图3-12所示。

图 3-10　点击"做好了"按钮　　图 3-11　点击下载↓按钮　　图 3-12　短视频导出成功

★ 专 家 提 醒 ★

将短视频延长 5 秒之后，在快影 App 中显示的时长为 9 秒。但是将这 9 秒的短视频导出至手机相册之后，时长会显示为 10 秒。这并不是短视频时长变长了，而是快影 App 和手机相册的短视频时长显示方式不一样，快影 App 只会选择整数的秒进行显示，而手机相册则会对短视频时长进行"四舍五入"后进行显示。

3.2　利用 KLING 延长视频时长

【效果展示】：在KLING平台中，用户可以选择延长已生成的短视频的时长，效果如图3-13所示。

图 3-13　运用 KLING 延长短视频时长的效果

3.2.1　延长短视频时长

扫码看教学视频

在KLING平台中生成短视频之后，用户可以通过简单的操作延长短视频的时长，具体操作步骤如下。

步骤01 进入KLING的"文生视频"页面或"图生视频"页面，选择要延长时长的短视频，进入该短视频的预览页面，单击短视频下方的"延长5s"按钮，在弹出的列表中，选择"自动延长"选项，如图3-14所示。

图 3-14　选择"自动延长"选项

步骤02 执行操作后，KLING会在原有短视频的基础上，生成一条延长5秒的短视频，如图3-15所示。

图 3-15　生成一条延长 5 秒的短视频

3.2.2　调整延长时长的短视频

扫码看教学视频

　　使用KLING延长短视频时长之后，用户可以通过剪映电脑版来调整短视频的效果。下面就以添加背景音乐为例，为大家讲解具体的操作步骤。

　　步骤01 单击对应短视频下方的下载 按钮，将短视频下载至电脑中。启动剪映电脑版，将下载的短视频添加至本"媒体"功能区中，单击短视频右下方的"添加到轨道"按钮 ，如图3-16所示。

图 3-16　单击"添加到轨道"按钮 （1）

　　步骤02 单击"音频"按钮，进入"音频"功能区，在"音乐素材"选项卡中的搜索框内输入背景音乐的关键词，搜索相关的音乐，单击对应音乐右下方的"添加到轨道"按钮➕，如图3-17所示。

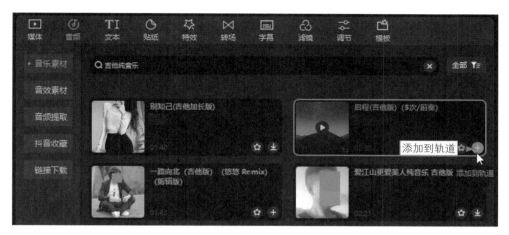

图 3-17　单击"添加到轨道"按钮➕（2）

步骤 03　执行操作后，即可将所选的背景音乐添加至音频轨道中，拖曳时间线至短视频的结束位置，选择音频素材，单击"向右裁剪"按钮❙❙，如图3-18所示，即可完成背景音乐的添加。如果用户只需给短视频添加背景音乐，那么短视频的调整便完成了。

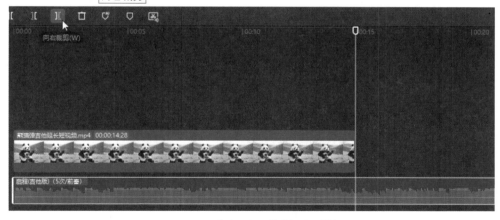

图 3-18　单击"向右裁剪"按钮❙❙

3.2.3　导出短视频

使用剪映电脑版调整短视频的效果之后，用户可以将短视频保存至电脑中的合适位置，下面介绍具体的操作步骤。

扫码看教学视频

37

步骤01 单击剪映电脑版剪辑界面中的"导出"按钮，如图3-19所示，进行短视频的导出。

图 3-19　单击"导出"按钮

步骤02 在弹出的"导出"对话框中设置短视频的导出信息，单击"导出"按钮，即可导出短视频。如果显示"导出完成，去发布！"就说明短视频导出成功了，如图3-20所示。

图 3-20　短视频导出成功

第 4 章　AI 短视频的其他玩法

在快影App中，除了可灵的"AI生视频"功能，用户还可以借助其他玩法来制作短视频。本章就以快影App的"剪同款""一键出片""AI创作"玩法为例，为大家介绍AI短视频的具体制作技巧。

4.1　剪同款

【效果展示】：快影App的"剪同款"为用户提供了大量的模板，用户可以从中选择合适的模板，制作出符合自身需求的AI短视频效果，如图4-1所示。

图4-1　使用快影App"剪同款"功能制作的短视频效果

4.1.1　选择同款模板

扫码看教学视频

在快影App中，用户要想借助"剪同款"功能制作出类似的AI短视频效果，需要先选择同款模板，下面介绍具体的操作步骤。

步骤01 打开快影App，点击"剪同款"按钮，如图4-2所示，进行界面的切换。

步骤02 进入"剪同款"界面，点击界面上方的搜索框，如图4-3所示。

步骤03 在搜索框中输入模板的搜索关键词，点击"搜索"按钮，如图4-4所示，进行模板的搜索。

步骤04 执行操作后，即可搜索到相关的模板，点击对应的模板，如图4-5所示。

步骤 **05** 执行操作后，即可进入模板预览界面，查看短视频模板的具体效果，如图4-6所示，完成模板的选择。

图 4-2　点击"剪同款"按钮

图 4-3　点击界面上方的搜索框

图 4-4　点击"搜索"按钮

图 4-5　点击对应的模板

图 4-6　查看短视频模板的具体效果

4.1.2　制作同款短视频

选择合适的模板之后，用户可以上传素材文件，快速制作出同款短视频，具体操作步骤如下。

步骤 01 点击模板预览界面中的"制作同款"按钮，如图4-7所示，开始进行同款短视频的制作。

步骤 02 进入"相册"界面，在该界面中选择需要上传的素材文件，点击"选好了"按钮，如图4-8所示。

步骤 03 执行操作后，即可使用上传的素材制作同款短视频，并预览制作的短视频效果，如图4-9所示。

图 4-7　点击"制作同款"按钮　　图 4-8　点击"选好了"按钮　　图 4-9　预览制作的短视频效果

★ 专 家 提 醒 ★

上传素材之后，快影App会自动使用素材替换模板中的图像，但是模板中的文字和背景音乐等信息却不会发生变化。如果替换素材之后，用户发现模板中的某些内容不太合适，需要手动进行调整。例如，要更换背景音乐，可以点击短视频预览界面中的"音乐"按钮，切换至对应的选项卡，并选择合适的音乐。

4.1.3　导出短视频

扫码看教学视频

制作同款短视频之后，如果用户对短视频的效果比较满意，可以通过以下操作将短视频导出至手机相册中。

步骤01 短视频制作完成后，点击"做好了"按钮，如图4-10所示，进行短视频的导出。

步骤02 执行操作后，会弹出"导出选项"面板，点击该面板中的下载↓按钮，如图4-11所示。

步骤03 随后，快影App会导出短视频，并显示短视频的导出进度。如果新跳转的界面中显示"视频已保存至相册和草稿"，就说明该短视频导出成功了，如图4-12所示。

图 4-10　点击"做好了"按钮　　　图 4-11　点击下载↓按钮　　　图 4-12　短视频导出成功

4.2　一键出片

【效果展示】：快影App的"一键出片"功能类似于剪映App的"一键成片"功能，都是上传素材之后，让App根据素材来生成AI短视频。使用快影App的"一键出片"功能制作的短视频效果如图4-13所示。

图 4-13　使用快影 App "一键出片" 功能制作的短视频效果

4.2.1　上传图片素材

如果用户想使用特定的图片生成一条短视频，可以先在快影App中导入图片素材，下面就来介绍具体的操作步骤。

扫码看教学视频

步骤 01 打开快影 App，点击"一键出片"按钮，如图 4-14所示，进行界面的切换。

步骤 02 进入"相册"界面，在该界面中选择需要上传的素材文件，点击"一键出片"按钮，如图 4-15 所示。

步骤 03 执行操作后，快影App会使用所选的素材智能生成短视频，并显示短视频的生成进度，如图4-16所示。

步骤 04 稍等片刻，即可使用图片素材生成一条短视频，如图4-17所示。

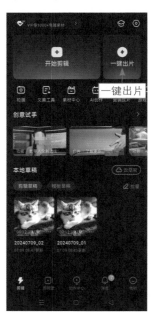

图 4-14　点击"一键出片"
按钮

图 4-15　点击"一键出片"
按钮

图 4-16　显示短视频的生成进度

图 4-17　生成一条短视频

4.2.2　选择合适的模板

如果用户对上传图片素材之后直接生成的短视频效果不满意，可以在短视频预览界面中选择合适的模板，调整短视频的效果，具体操作步骤如下。

扫码看教学视频

步骤01 在短视频预览界面中选择合适的模板，如图4-18所示。

步骤02 执行操作后，即可使用所选的模板，重新生成一条短视频，如图4-19所示。

图 4-18　选择合适的模板

图 4-19　重新生成一条短视频

45

4.2.3　导出短视频

借助"一键成片"功能生成短视频之后，用户可以将生成的短视频导出，下面介绍具体的操作技巧。

步骤01 点击短视频预览界面右上方的"做好了"按钮，如图4-20所示，进行短视频的导出。

步骤02 在弹出的"导出设置"面板中，点击"无水印导出并分享"按钮，如图4-21所示。

步骤03 随后，快影App会进行短视频的导出，并显示短视频的导出进度。如果新跳转的界面中显示"视频已保存"，就说明该短视频导出成功了，如图4-22所示。短视频导出之后，用户还可以点击"无水印发布到快手"按钮，直接将短视频发布到快手平台中。

图 4-20　点击"做好了"按钮　　图 4-21　点击"无水印导出并分享"　　图 4-22　短视频导出成功
按钮

4.3　AI 创作视频

【效果展示】：快影App为用户提供了许多"AI创作"玩法，用户可以选择合适的玩法，快速制作出创意短视频，效果如图4-23所示。

图 4-23　使用快影 App 的"AI 创作"功能制作的短视频效果

4.3.1　选择AI玩法

扫码看教学视频

快影App的"AI创作"界面中提供了许多AI玩法，用户可以根据自身需求选择合适的AI玩法，具体操作步骤如下。

步骤 01 进入快影App的"AI创作"界面，点击"AI玩法"按钮，如图4-24所示。

步骤 02 在"AI玩法"选项卡中选择合适的AI玩法，例如点击"AI瞬息宇宙"板块中的"导入图片变身"按钮，如图4-25所示，即可选择该AI玩法制作短视频。

图 4-24　点击"AI 玩法"　　图 4-25　点击"导入图片变
　　　　　按钮　　　　　　　　　　　身"按钮

4.3.2　生成短视频

选择合适的AI玩法之后，用户即可上传素材生成短视频，并根据自身需求对短视频的效果进行调整，具体操作步骤如下。

步骤01 选择合适的 AI 玩法之后，进入"相机胶卷"界面，选择需要上传的素材，点击"选好了"按钮，如图 4-26 所示。

步骤02 执行操作后，即可使用素材生成"分屏次元"短视频，如图 4-27 所示。

步骤03 在短视频预览界面中，选择合适的"AI 瞬息宇宙"玩法，如图 4-28 所示，进行短视频效果的调整。

步骤04 执行操作后，即可重新生成一条短视频，如图 4-29 所示。

图 4-26　点击"选好了"　　图 4-27　生成"分屏次元"
　　　　　按钮　　　　　　　　　　短视频

图 4-28　选择合适的玩法　　图 4-29　重新生成一条短
　　　　　　　　　　　　　　　　　　视频

4.3.3 导出短视频

扫码看教学视频

借助"AI创作"功能制作好短视频之后，用户可以将其导出至自己的手机相册中，下面介绍具体的操作技巧。

步骤01 点击短视频预览界面中的下载↓按钮，如图4-30所示，进行短视频的导出。

步骤02 执行操作后，快影App会导出短视频，并显示短视频的导出进度，如图4-31所示。

步骤03 如果新跳转的界面中显示"导出成功，分享给好友看看吧"，就说明该短视频导出成功了，如图4-32所示。

图 4-30　点击下载↓按钮　　图 4-31　显示短视频的导出进度　　图 4-32　短视频导出成功

【剪映 AI 篇：手机版】

第 5 章　剪同款视频

　　剪映App（剪映手机版）的"剪同款"是一个便捷的短视频创作功能，它提供了丰富的短视频模板供用户选择，用户只需替换模板中的素材即可快速生成个性化的视频作品，让每个人都能轻松享受创作的乐趣。本章将介绍使用"剪同款"功能制作同款视频的具体操作技巧。

5.1 安装并登录剪映 App

扫码看教学视频

在使用"剪同款"功能制作短视频之前，用户需要先安装并登录剪映App，下面就来介绍具体的操作步骤。

步骤01 在手机应用商店中下载并安装剪映App，点击"剪映"右侧的"打开"按钮，如图5-1所示，启动剪映App。

步骤02 进入剪映App，弹出"个人信息保护指引"面板，点击该面板中的"同意"按钮，如图5-2所示。

步骤03 打开剪映App，进入"剪辑"界面，点击"我的"按钮，如图5-3所示，进行界面的切换。

图 5-1　点击"打开"按钮　　　图 5-2　点击"同意"按钮　　　图 5-3　点击"我的"按钮

步骤04 进入"我的"界面，此时该界面中会显示账号的登录方式。用户只需选中"已阅读并同意剪映用户协议和剪映隐私政策"复选框，点击"抖音登录"按钮即可，如图5-4所示。

步骤05 弹出"'剪映'想要打开'抖音'"对话框，点击该对话框中的"打开"按钮，如图5-5所示，允许剪映打开抖音。

步骤06 跳转至抖音App的相关界面，进行账号的登录。如果"我的"界面中显示账号的相关信息，就说明账号登录成功了，如图5-6所示。

图 5-4　点击"抖音登录"按钮

图 5-5　点击"打开"按钮

图 5-6　账号登录成功

5.2　选择合适的同款模板

扫码看教学视频

使用剪映App的"剪同款"功能生成同款视频，需要先选择一个合适的模板，下面就来介绍具体的操作方法。

步骤01 打开剪映 App，点击"剪同款"按钮，如图5-7所示。

步骤02 进入"剪同款"界面，点击界面上方的搜索框，如图5-8所示。

步骤03 在搜索框中输入模板的关键词，点击"搜索"按钮，如图5-9所示。

步骤04 执行操作后，点击搜索结果中对应模板的封面，如图5-10所示，即可完成模板的选择。

图 5-7　点击"剪同款"按钮

图 5-8　点击搜索框

图 5-9　点击"搜索"按钮

图 5-10　点击对应模板的封面

5.3　导入短视频的素材

扫码看教学视频

【效果展示】：模板选择完成后，用户只需导入短视频素材，即可生成短视频的雏形，效果如图5-11所示。

下面就来介绍导入素材生成短视频雏形的具体操作步骤。

图 5-11　短视频的雏形效果

步骤 01 选择模板之后，进入该模板的剪同款界面，点击"剪同款"按钮，如图5-12所示。

步骤 02 执行操作后，进入"照片视频"界面，如图5-13所示。

图 5-12　点击"剪同款"按钮

图 5-13　进入"照片视频"界面

步骤 03 在"照片视频"界面中选择所需的素材，点击"下一步"按钮，如图5-14所示。

步骤 04 执行操作后，会合成短视频效果，并生成短视频的雏形，如图5-15所示，用户可以播放短视频查看效果。

图 5-14　点击"下一步"按钮

图 5-15　生成短视频的雏形

5.4　调整短视频的信息

扫码看教学视频

【效果展示】：模板中的很多信息都是固定的，直接使用模板可能会有一些与素材不太匹配的内容，对此用户可以根据素材内容对相关信息进行调整，完成短视频的制作，效果如图5-16所示。

图 5-16　调整信息后的短视频效果

下面就来介绍调整短视频相关信息的具体操作步骤。

步骤01 生成短视频的雏形之后，点击"文本"按钮，如图5-17所示。

步骤02 执行操作后，在"文本"面板中双击需要调整的文本信息，如图5-18所示。

步骤03 在弹出的输入框中输入文本内容，点击 ✓ 按钮，如图5-19所示。

步骤04 执行操作后，即可完成文本信息的调整，如图5-20所示。

图 5-17　点击"文本"按钮　　图 5-18　双击需要调整的文本信息

图 5-19　点击 ✓ 按钮

图 5-20　完成文本信息的调整

5.5　快速导出短视频

扫码看教学视频

　　在剪映App中使用"剪同款"功能生成短视频之后，用户可以快速将生成的短视频直接导出，具体操作方法如下。

　　步骤01 点击短视频剪辑界面右上方的"导出"按钮，如图5-21所示。

　　步骤02 弹出"导出设置"面板，用户可以在该面板中设置短视频的导出信息。以分辨率的设置为例，用户只需点击1080P按钮即可，如图5-22所示。

　　步骤03 在弹出的"选择分辨率"面板中设置导出短视频的分辨率，点击"完成"按钮，如图5-23所示。

图 5-21　点击"导出"按钮　　图 5-22　点击 1080P 按钮

步骤04 返回"导出设置"面板，如果分辨率按钮出现了变化，就说明短视频的导出分辨率设置成功了，点击"无水印保存并分享"按钮，如图5-24所示，进行短视频的导出。

步骤05 执行操作后，会显示短视频的导出进度，如果显示"导出成功"就说明短视频导出成功了，如图5-25所示。

图 5-23 点击"完成"按钮

图 5-24 点击"无水印保存并分享"按钮

图 5-25 短视频导出成功

第 6 章　特效式视频

剪映App中为用户提供了许多特效功能，借助其中的"图片玩法"和"AI特效"功能，用户可以上传图片或短视频素材，快速制作特效式视频。本章就来具体讲解使用"图片玩法"和"AI特效"功能制作短视频的具体操作技巧。

6.1 使用"图片玩法"制作视频

【效果展示】：剪映App的"图片玩法"功能为用户提供了大量的图片特效，用户可以上传一张图片素材，生成多种图片效果，并将图片素材和效果进行整合，制作一条短视频，效果如图6-1所示。

图 6-1 使用"图片玩法"功能生成的短视频效果

6.1.1 上传图片素材

要使用剪映App的"图片玩法"制作图片效果，需要先上传图片素材，下面就来介绍在剪映App中上传图片素材的具体操作步骤。

扫码看教学视频

步骤01 启动剪映App，进入"剪辑"界面，点击界面中的"开始创作"按钮，如图6-2所示。

步骤02 进入"照片视频"界面的"视频"选项卡，点击"照片"按钮，如图6-3所示，切换至"照片"选项卡。

步骤03 切换至"照片"选项卡后，在该选项卡中选择需要上传的图片素材，如图6-4所示。

图 6-2　点击"开始创作"按钮　　图 6-3　点击"照片"按钮　　图 6-4　选择需要上传的图片素材

步骤 04 选中"高清"复选框，点击"添加"按钮，如图6-5所示，上传图片素材。

步骤 05 执行操作后，进入剪映App的剪辑界面，如果该界面的视频轨道中显示刚刚选择的图片，就说明图片素材上传成功了，如图6-6所示。

图 6-5　点击"添加"按钮　　　　　图 6-6　图片素材上传成功

6.1.2 制作图片效果

扫码看教学视频

上传图片素材之后，用户即可复制图片，并在复制的图片上制作相关的效果，完成短视频的初步制作，下面就来介绍具体的操作步骤。

步骤01 在剪映App的剪辑界面中选择视频轨道中的图片素材，点击"复制"按钮，如图6-7所示。

步骤02 执行操作后，即可复制图片素材。按照相同的方法，再次复制图片素材，此时剪辑界面中便出现了3个图片素材，拖曳时间线至第2个图片素材所在的位置，点击"特效"按钮，如图6-8所示。

★ 专家提醒 ★

在使用"图片玩法"功能制作图片效果时，与时间线对应的图片素材会自动套用模板来生成效果。因此，在制作图片效果时，用户需要将时间线拖曳至对应图片素材所在的位置。

步骤03 在弹出的工具栏中，点击"图片玩法"按钮，如图6-9所示，展开图片玩法的相关面板。

图 6-7 点击"复制"按钮

图 6-8 点击"特效"按钮

图 6-9 点击"图片玩法"按钮

步骤 04 执行操作后，在弹出的面板中根据自身需求点击对应的按钮，切换至相应的选项卡，例如点击"人像风格"按钮，如图6-10所示。

步骤 05 进入"人像风格"选项卡，选择合适的图片效果，如选择"漫画写真"选项，点击✓按钮，如图6-11所示，确认使用该图片效果。

步骤 06 按照同样的操作步骤，在"AI写真"选项卡中为第3个图片素材选择合适的图片效果，例如选择"簪花写真"选项，点击确认✓按钮，如图6-12所示，即可完成图片效果的制作。

图 6-10　点击"人像风格"按钮　图 6-11　点击确认✓按钮（1）　图 6-12　点击确认✓按钮（2）

6.1.3　调整短视频的效果

图片效果制作完成后，用户可以为短视频添加转场和背景音乐，调整短视频的效果，下面就来介绍具体的操作步骤。

扫码看教学视频

步骤 01 在剪映App的"剪辑"界面中，点击视频轨道中的第1个⫿按钮，如图6-13所示，进行转场效果的设置。

步骤 02 执行操作后，在弹出的转场设置面板中选择合适的转场效果，如选择"翻页"选项，设置转场的时长，点击确认✓按钮，确认第1个转场效果的设置，如图6-14所示。

步骤03 按照同样的操作步骤，对第2个转场的效果进行设置，点击确认✅按钮，如图6-15所示。

图 6-13 点击 ⫶ 按钮　　图 6-14 点击确认✅按钮（1）　　图 6-15 点击确认✅按钮（2）

步骤04 如果视频轨道中的 ⫶ 按钮变成 ⋈ 按钮，就说明转场效果设置成功了，如图6-16所示。

步骤05 转场效果设置成功后，用户还可以为短视频添加背景音乐，提升短视频的整体效果。拖曳时间线至短视频的起始位置，点击工具栏中的"音频"按钮，如图6-17所示。

步骤06 在弹出的工具栏中点击"音乐"按钮，如图 6-18 所示，确定添加背景音乐。

图 6-16 转场效果设置成功　　图 6-17 点击"音频"按钮

步骤07 执行操作后，进入"音乐"界面，如图6-19所示，用户可以在该界面中选择系统推荐的音乐，也可以搜索或筛选音乐。

图 6-18　点击"音乐"按钮

图 6-19　"音乐"界面

步骤08 以筛选音乐为例，用户可以滑动界面，点击音乐所属类型对应的按钮，如点击"国风"按钮，如图6-20所示。

步骤09 进入"国风"界面，在该界面中选择合适的背景音乐，点击"使用"按钮，如图 6-21 所示，即可为短视频添加对应的背景音乐。

步骤10 很多时候，背景音乐的时长可能会比短视频长，此时需要将多余的背景音乐删除。拖曳时间线至短视频结束的位置，选择背景

图 6-20　点击"国风"按钮

图 6-21　点击"使用"按钮

音乐素材，点击"分割"按钮，如图 6-22 所示，即可将背景音乐素材分割开来。

步骤11 在音频轨道中选择多余的背景音乐素材，点击"删除"按钮，如图6-23所示，将其删除。

步骤12 执行操作后，如果所选的背景音乐素材不见了，就说明多余的背景音乐素材删除成功了，如图6-24所示。

图 6-22 点击"分割"按钮

图 6-23 点击"删除"按钮

图 6-24 多余的背景音乐素材删除成功

6.1.4 导出短视频

扫码看教学视频

使用"图片玩法"功能制作好短视频之后，用户可以将其导出备用，具体操作步骤如下。

步骤01 点击剪辑界面上方的"导出"按钮，如图6-25所示。

步骤02 执行操作后，即可导出短视频，并显示短视频的导出进度，如图6-26所示。

步骤03 如果新跳转的界面中显示"保存到相册和草稿"，就说明短视频导出成功了，如图6-27所示。

 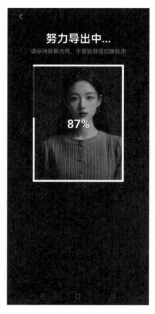 

图 6-25　点击"导出"按钮　　图 6-26　显示短视频的导出进度　　图 6-27　短视频导出成功

6.2　使用"AI 特效"制作视频

【效果展示】：在剪映App中，用户可以借助"AI特效"功能，快速对上传的短视频进行调整，制作具有创意和艺术性的短视频，效果如图6-28所示。

图 6-28　使用"AI 特效"功能制作的短视频效果

6.2.1　上传图片素材

扫码看教学视频

使用剪映App的"AI特效"功能制作短视频，同样需要先上传素材，下面介绍在剪映App中上传图片素材的具体操作步骤。

步骤01 启动剪映App，进入"剪辑"界面，点击界面中的"开始创作"按钮，如图6-29所示。

步骤02 进入"照片视频"界面，选择需要上传的素材，选中"高清"复选框，点击"添加"按钮，如图6-30所示。

步骤03 执行操作后，进入短视频的剪辑界面。如果界面中显示刚刚选择的图片，就说明图片素材上传成功了，如图6-31所示。

图 6-29　点击"开始创作"按钮　　图 6-30　点击"添加"按钮　　图 6-31　图片素材上传成功

6.2.2　制作AI图片效果

扫码看教学视频

上传图片成功后，用户可以复制素材，并借助"AI特效"功能在复制的素材上制作AI图片效果，具体操作步骤如下。

步骤01 在短视频剪辑界面中复制图片素材，拖曳时间线至第2个图片素材的位置，点击"特效"按钮，如图6-32所示。

步骤02 点击二级工具栏中的"AI特效"按钮，如图6-33所示。

图 6-32　点击"特效"按钮

图 6-33　点击"AI 特效"按钮

步骤 03 进入"灵感"界面，用户可以根据自身需求点击对应的按钮，切换选项卡，选择所需的AI特效。例如，用户可以点击"艺术绘画"按钮，如图6-34所示。

步骤 04 进入"艺术绘画"选项卡，选择合适的 AI 特效，点击"生成"按钮，如图 6-35所示。

步骤 05 执行操作后，剪映App会生成4张效果图片，并自动展示第1张图片的效果，如图6-36所示。

步骤 06 点击对应的图片，查看该图片的效果，如果对图片的效果比较满意，可以点击"应用"按钮，如图 6-37所示，应用该图片效果。

图 6-34　点击"艺术绘画"
按钮

图 6-35　点击"生成"按钮

图 6-36 自动展示第 1 张图片的效果

图 6-37 点击"应用"按钮

6.2.3 调整短视频的效果

制作好AI图片效果之后，用户可以对短视频内容进行调整，制作
一条高质量的短视频，具体操作步骤如下。

扫码看教学视频

步骤01 点击短视频剪辑
界面中的┃按钮，如图6-38所
示，为短视频添加转场。

步骤02 在弹出的面板中
选择合适的转场，点击确认
✓按钮，如图 6-39 所示，应
用该转场。

步骤03 返回短视频剪辑
界面，如果┃按钮变成⋈按钮，
就说明转场添加成功了，如
图 6-40 所示。

步骤04 拖曳时间线至视
频的起始位置，点击"音频"
按钮，如图 6-41 所示，为短

图 6-38 点击┃按钮

图 6-39 点击确认✓按钮

视频添加背景音乐。

图 6-40 ┃ 按钮变成 ⋈ 按钮

图 6-41 点击"音频"按钮

步骤 05 点击二级工具栏中的"音乐"按钮，如图6-42所示。

步骤 06 进入"音乐"界面，点击要添加的音乐类型对应的按钮，如点击"纯音乐"按钮，如图6-43所示。

图 6-42 点击"音乐"按钮

图 6-43 点击"纯音乐"按钮

步骤 07 进入"纯音乐"界面，选择合适的音乐，点击"使用"按钮，如图6-44所示。

步骤 08 返回短视频剪辑界面，即可看到添加的音频素材。拖曳时间线至视频结束的位置，选择音频素材，点击"分割"按钮，如图6-45所示，将音频素材分割开来。

步骤 09 选择多余的音频素材，点击"删除"按钮，如图6-46所示，将其删除。

步骤 10 执行操作后，如果所选的背景素材消失，就说明多余的背景素材删除成功了，如图6-47所示。

图 6-44　点击"使用"按钮

图 6-45　点击"分割"按钮

图 6-46　点击"删除"按钮

图 6-47　多余的背景素材删除成功

6.2.4 导出短视频

使用"AI特效"制作好短视频之后，用户可以通过如下操作，将其保存至自己的手机相册中。

步骤01 点击短视频剪辑界面右上方的"导出"按钮，如图6-48所示，进行短视频的导出。

步骤02 执行操作后，会跳转至导出短视频的相关界面，并显示短视频的导出进度，如图6-49所示。

步骤03 如果跳转的新界面中显示"保存到相册和草稿"，就说明短视频导出成功了，如图6-50所示。

图 6-48　点击"导出"按钮　　图 6-49　显示短视频的导出进度　　图 6-50　短视频导出成功

第 7 章 一键成片

剪映App的"一键成片"功能允许用户快速将多段视频素材或多张照片合成为一段连贯的视频。用户只需简单选择想要编辑的素材，剪映App便能生成一段视频。这项功能极大地降低了视频制作的门槛，使得非专业用户也能轻松创作出高质量的视频作品。本章将介绍使用"一键成片"功能制作短视频的具体操作技巧。

7.1 导入图片素材

【效果展示】：要想使用剪映App的"一键成片"功能生成短视频，只需先导入图片素材，即可使用默认模板生成一条短视频，效果如图7-1所示。

图 7-1 使用默认模板生成的短视频效果

下面就来介绍导入图片素材并使用默认模板生成短视频的具体操作步骤。

步骤01 启动剪映App，点击"一键成片"按钮，如图7-2所示。

步骤02 进入"照片视频"界面，选择图片素材，点击"下一步"按钮，如图 7-3 所示。

步骤03 执行操作后，剪映App会识别素材，并显示素材的识别进度，如图7-4所示。

步骤04 素材识别完成后，即可将图片素材导入剪映App，如图7-5所示，并使用默认模板生成一条短视频。

图 7-2 点击"一键成片"按钮　　图 7-3 点击"下一步"按钮

图 7-4　显示素材的识别进度　　　　　图 7-5　将图片素材导入剪映 App

7.2　选择合适的模板

扫码看教学视频

【效果展示】：将图片素材导入剪映App之后，用户可以选择合适的模板生成一条新的AI短视频，效果如图7-6所示。

图 7-6　选择合适的模板生成的 AI 短视频效果

75

下面介绍选择合适的模板生成短视频的具体操作步骤。

步骤 01 点击短视频预览界面中的按钮进行选项卡的切换，如点击"卡点"按钮，如图7-7所示。

步骤 02 执行操作后，切换至"卡点"选项卡，在该选项卡中选择一个合适的短视频模板，如图7-8所示，即可使用该模板制作短视频。

图 7-7　点击"卡点"按钮

图 7-8　选择合适的短视频模板

7.3　快速导出短视频

扫码看教学视频

选择模板制作好短视频之后，用户可以在剪映App中导出制作好的短视频，具体操作步骤如下。

步骤 01 点击短视频预览界面右上方的"导出"按钮，如图7-9所示。

步骤 02 在弹出的"导出设置"面板中点击"无水印保存并分享"按钮，如图7-10所示。

步骤 03 执行操作后，会显示短视频的导出进度，如图7-11所示。

步骤 04 如果新跳转的界面中显示"导出成功"，就说明短视频导出成功了，如图7-12所示。

图 7-9　点击"导出"按钮

图 7-10　点击"无水印保存并分享"按钮

图 7-11　显示短视频的导出进度

图 7-12　短视频导出成功

★ 专 家 提 醒 ★

在导出短视频时，用户既可以点击保存▣按钮，也可以点击"无水印保存并分享"按钮。不过，点击保存▣按钮只是将短视频保存至相册中，但是点击"无水印保存并分享"按钮，会在保存短视频的同时，将短视频分享至抖音。

第 8 章　营销成片

剪映App的"营销成片"是专门用来制作营销推广类AI短视频的功能,借助该功能,用户只需上传制作短视频所需的素材,并设置短视频的生成信息,即可快速获得相关的短视频。本章将介绍使用"营销成片"功能制作短视频的具体操作技巧。

8.1　上传视频素材

使用剪映App的"营销成片"功能制作短视频，需要先上传视频素材，具体的操作步骤如下。

步骤 01 进入剪映App的"剪辑"界面，点击"展开"按钮，如图8-1所示，展开相应的面板。

步骤 02 在展开的面板中，点击"营销成片"按钮，如图8-2所示。

图 8-1　点击"展开"按钮

图 8-2　点击"营销成片"按钮

步骤 03 进入"营销推广视频"界面，点击"添加素材"下方的➕图标，如图8-3所示。

步骤 04 执行操作后，进入"照片视频"界面，如图8-4所示。

步骤 05 在"照片视频"界面中选择要上传的视频素材，点击"下一步"按钮，如图8-5所示。

步骤 06 返回"营销推广视频"界面，如果界面中显示刚刚选择的视频素材，就说明视频素材上传成功了，如图8-6所示。

图 8-3　点击➕图标

图 8-4　进入"照片视频"界面

图 8-5　点击"下一步"按钮

图 8-6　视频素材上传成功

扫码看教学视频

8.2　设置生成信息

上传视频素材之后，用户还需要设置短视频的生成信息，以便更好地生成符合自身需求的短视频，具体的操作步骤如下。

步骤01 在"营销推广视频"界面中输入产品名称和卖点，点击"展开更多"按钮，如图8-7所示。

步骤02 在展开的面板中设置适用人群、优惠活动、视频尺寸和时长等信息，如图8-8所示，完成视频生成信息的设置。

图 8-7　点击"展开更多"按钮

图 8-8　设置视频的生成信息

★ 专 家 提 醒 ★

在设置生成短视频文案的信息时，用户既可以对关键信息进行设置，让 AI 根据设置的信息生成文案，也可以点击"输入或提取文案"按钮，切换选项卡，并在"输入或提取文案"选项卡中手动输入文案，或者提取上传的视频中的文案。

8.3　生成并调整短视频

【效果展示】：短视频生成信息设置完成后，用户可以快速生成对应的短视频，并对短视频进行调整，获得想要的效果，如图8-9所示。

这款连衣裙真的太好看了　　　不管是上班还是出去玩

图 8-9　调整后的短视频效果

下面介绍使用剪映App的"营销成片"功能生成并调整短视频的具体操作步骤。

步骤01 点击"营销推广视频"界面中的"生成视频"按钮，如图8-10所示，进行视频的生成。

步骤02 执行操作后，剪映App会根据上传的视频素材和设置的信息生成短视频，如果跳转至新的界面，并显示"成功为你生成5个营销视频"，就说明短视频生成成功了，如图8-11所示。

步骤03 用户可以预览这5个短视频的效果，如果对短视频的效果不满意，可以滑动短视频封面，点击短视频封面右侧的"生成更多"按钮，如图8-12所示。

步骤04 执行操作后，剪映App会再次生成5个短视频，点击对应短视频的封面，如图8-13所示。

图 8-10　点击"生成视频"按钮

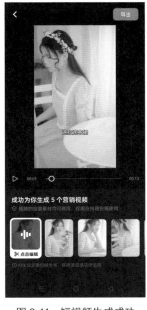
图 8-11　短视频生成成功

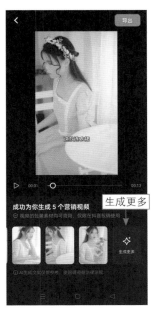
图 8-12　点击"生成更多"按钮

步骤05 执行操作后，即可预览对应短视频的效果，如图8-14所示。如果用户对该短视频的效果比较满意，那么短视频的生成和调整便完成了。

图 8-13　点击对应短视频的封面

图 8-14　预览对应短视频的效果

8.4 导出短视频

扫码看教学视频

在获得满意的营销短视频之后，用户可以通过简单的操作，将其保存在自己的手机相册中，以备后用，具体操作步骤如下。

步骤01 点击短视频预览界面右上方的"导出"按钮，如图8-15所示。

步骤02 在弹出的"导出设置"面板中点击"无水印保存并分享"按钮，如图8-16所示。

步骤03 执行操作后，会显示短视频的导出进度。如果新跳转的界面中显示"导出成功"，就说明短视频导出成功了，如图8-17所示。

图 8-15　点击"导出"按钮　　图 8-16　点击"无水印保存并分享"　　图 8-17　短视频导出成功
按钮

【剪映 AI 篇：电脑版】

第 9 章　模板生视频

　　很多工具都为用户提供了大量的短视频模板，用户使用这些模板并进行素材的替换，即可快速生成AI短视频。本章将以剪映电脑版为例，为大家讲解搜索模板和筛选模板制作短视频的具体操作步骤。

9.1　搜索模板生成视频

【效果展示】：剪映电脑版是一款功能强大的视频编辑软件，为用户提供了一站式的视频剪辑解决方案。在剪映电脑版中，用户可以输入关键词搜索模板，并使用合适的模板制作短视频，效果如图9-1所示。

图 9-1　搜索模板制作的短视频效果

9.1.1　安装并登录剪映电脑版

用户要使用剪映电脑版，需要先下载并安装该软件，然后登录账号，下面介绍具体的操作方法。

步骤01 在浏览器（如360搜索）中输入并搜索"剪映专业版官网"，单击搜索结果中的剪映专业版官网超链接，如图9-2所示，即可进入剪映的官网。

步骤02 在"专业版"选项卡中单击"立即下载"按钮，如图9-3所示。

步骤03 弹出"新建下载任务"对话框，单击"下载"按钮，如图9-4所示，将软件安装器下载到本地文件夹中。

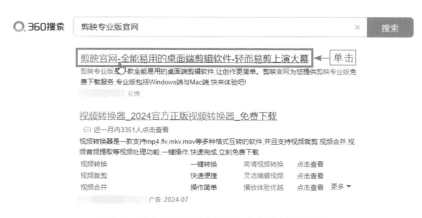

图 9-2　单击搜索结果中的剪映专业版官网超链接

图 9-3　单击"立即下载"按钮

图 9-4　单击"下载"按钮

步骤 04 下载完成后，打开相应的文件夹，在软件安装器上单击鼠标右键，
在弹出的快捷菜单中选择"打开"命令，如图9-5所示。

图9-5　选择"打开"命令

步骤05 执行操作后，弹出"剪映专业版下载安装"对话框，显示软件的安装进度，如图9-6所示。

步骤06 下载完成后，弹出"环境监测"对话框，单击"确定"按钮，如图9-7所示，确定使用剪映电脑版。

图9-6　显示软件的安装进度

图9-7　单击"确定"按钮

步骤07 执行操作后，进入剪映专业版的"首页"界面，单击"点击登录账户"按钮，如图9-8所示。

步骤08 弹出"登录"对话框，选中"已阅读并同意剪映用户协议和剪映隐私政策"复选框，单击"通过抖音登录"按钮，如图9-9所示。

步骤09 执行操作后，进入抖音登录界面，如图9-10所示，用户可以根据界面提示进行扫码登录或手机验证码登录，完成登录后，即可返回"首页"界面。

图 9-8　单击"点击登录账户"按钮　　　图 9-9　单击"通过抖音登录"按钮

图 9-10　进入抖音登录界面

9.1.2　搜索并选择合适的模板

　　剪映电脑版为用户提供了大量模板，用户可以对模板进行筛选，并选择合适的模板生成短视频。下面介绍在剪映电脑版中搜索并选择合适的模板的具体操作。

扫码看教学视频

　　步骤01 启动剪映电脑版，在"首页"界面左侧的导航栏中，单击"模板"按钮，如图9-11所示。

图 9-11　单击"模板"按钮

步骤 02 进入"模板"界面，单击界面上方的搜索框，根据所需的模板，在搜索框中输入关键词，如图9-12所示，按Enter键进行搜索。

图 9-12　在搜索框中输入关键词

步骤 03 执行操作后，即可根据关键词搜索相关的模板，如图9-13所示。

步骤 04 根据自身需求，对模板的相关信息进行设置，让搜索更加精准。找到所需的模板后，单击"使用模板"按钮，如图9-14所示。

步骤 05 如果是下载剪映电脑版之后第1次使用某个模板，会弹出模板的下载对话框，并显示模板的下载进度。模板下载完成后，会自动进入剪映的操作界面，用户可以在画中画轨道中查看模板的效果，如图9-15所示。

图 9-13　根据关键词搜索相关的模板

图 9-14　单击"使用模板"按钮

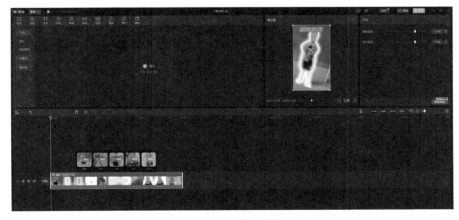

图 9-15　查看模板的效果

9.1.3 替换短视频的素材

在剪映电脑版中选择合适的模板之后，用户可以对模板中的素材进行替换，生成一条令自己满意的短视频，具体操作步骤如下。

步骤 01 单击画中画轨道中第1个视频片段中的"替换"按钮，如图9-16所示。

图 9-16 单击"替换"按钮

步骤 02 弹出"请选择媒体资源"对话框，在该对话框中选择相应的图片素材，单击"打开"按钮，如图9-17所示。

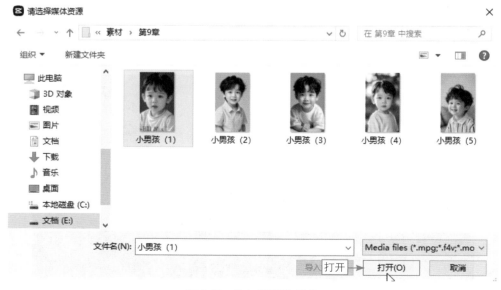

图 9-17 单击"打开"按钮

步骤 03 执行操作后，即可将该图片素材替换到视频片段中，如图9-18所示，同时导入到"媒体"功能区中。

图 9-18 将图片素材添加到视频轨道

步骤 04 使用相同的操作步骤，替换其他的图片素材，即可完成短视频的制作，如图9-19所示。

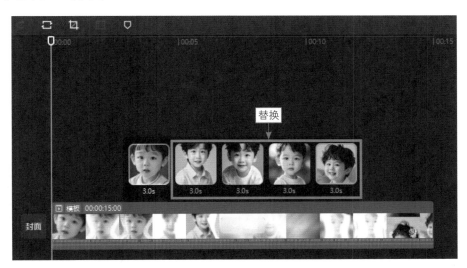

图 9-19 完成短视频的制作

9.1.4 导出短视频

替换完短视频素材后，如果用户对短视频的效果比较满意，可以直接将其导出，具体操作步骤如下。

扫码看教学视频

93

步骤 01 预览短视频效果，如果对短视频比较满意，可以单击短视频编辑界面右上方的"导出"按钮，如图9-20所示，将短视频导出。

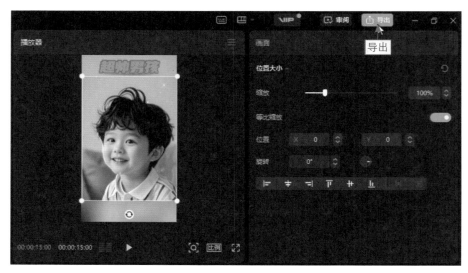

图 9-20　单击"导出"按钮

步骤 02 执行操作后，会弹出"导出"对话框，在"导出"对话框中设置短视频的导出信息，单击"导出"按钮，如图9-21所示，将短视频导出。

步骤 03 执行操作后，会弹出新的"导出"对话框，该对话框中会显示短视频的导出进度，如果新出现的对话框中显示"发布视频，让更多人看到你的作品吧！（该处显示的文字可能会发生变化，只要显示的文字信息是短视频导出成功就行了）"，就说明短视频导出成功了，如图9-22所示。

图 9-21　单击"导出"按钮

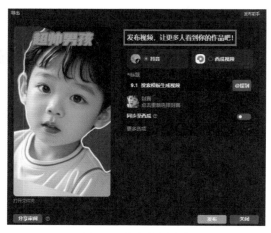

图 9-22　短视频导出成功

9.2　筛选模板生成视频

【效果展示】：除了直接搜索模板，用户还可以对模板进行筛选。在剪映电脑版中筛选模板生成的短视频效果如图9-23所示。

图 9-23　筛选模板生成的短视频效果

9.2.1　筛选并选择合适的模板

扫码看教学视频

在剪映电脑版中，用户可以根据自身需求对模板进行筛选，并从筛选结果中选择合适的模板，下面介绍具体的操作方法。

步骤 **01** 启动剪映电脑版，在"首页"界面左侧的导航栏中，单击"模板"按钮，进入"模板"界面，设置相关信息，对模板进行筛选，如图9-24所示。

图 9-24　设置模板的筛选信息

步骤02 选择相应的模板，单击"使用模板"按钮，如图9-25所示。

图 9-25　单击"使用模板"按钮

步骤03 执行操作后，即可下载模板并进入操作界面，用户可以在此查看模板的效果，如图9-26所示。

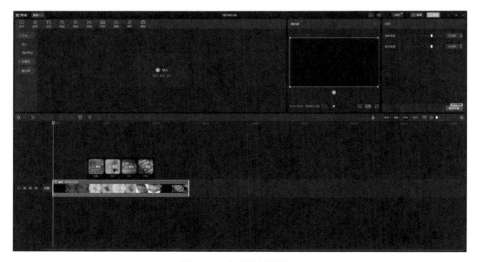

图 9-26　查看模板的效果

9.2.2　替换短视频的素材

选择模板之后，用户可以对模板中的素材进行替换，生成自己的短视频效果，具体操作步骤如下。

扫码看教学视频

步骤 01 单击画中画轨道中第1个视频片段中的"替换"按钮，如图9-27所示。

图 9-27　单击"替换"按钮

步骤 02 弹出"请选择媒体资源"对话框，在该对话框中选择相应的图片素材，单击"打开"按钮，如图9-28所示。

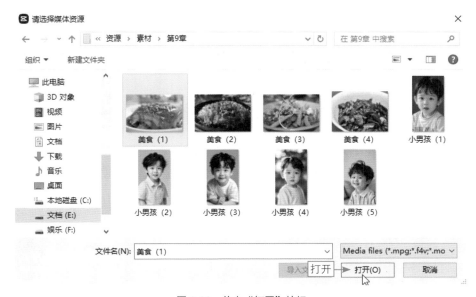

图 9-28　单击"打开"按钮

步骤 03 执行操作后，即可将该图片素材替换到视频片段中，如图9-29所示，同时导入到"媒体"功能中。

图 9-29 将图片素材添加到视频轨道

步骤04 使用相同的操作步骤，替换其他的图片素材，即可完成短视频的制作，如图9-30所示。

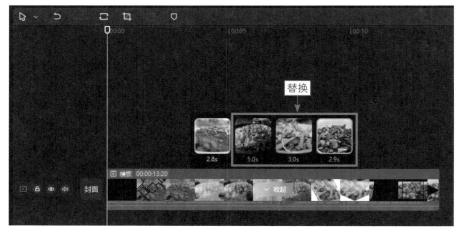

图 9-30 完成短视频的制作

9.2.3 导出短视频

替换素材生成满意的短视频效果之后，用户可以将制作好的短视频导出至自己的电脑中，具体操作步骤如下。

扫码看教学视频

步骤01 预览短视频效果，如果对短视频比较满意，可以单击短视频编辑界面右上方的"导出"按钮，如图9-31所示，将短视频导出。

步骤02 执行操作后，会弹出"导出"对话框，如图9-32所示。

图 9-31 单击"导出"按钮

步骤03 在"导出"对话框中设置短视频的导出信息，单击"导出"按钮，如图9-33所示，将短视频导出。

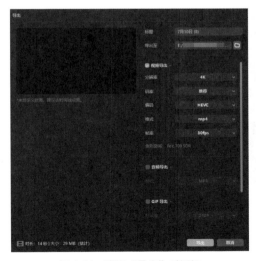

图 9-32 弹出"导出"对话框

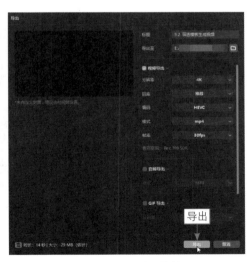

图 9-33 单击"导出"按钮

步骤04 执行操作后，会弹出新的"导出"对话框，该对话框中会显示短视频的导出进度，如图9-34所示。

步骤05 如果新出现的对话框中显示"发布视频，让更多人看到你的作品吧！"就说明短视频导出成功了，如图9-35所示。

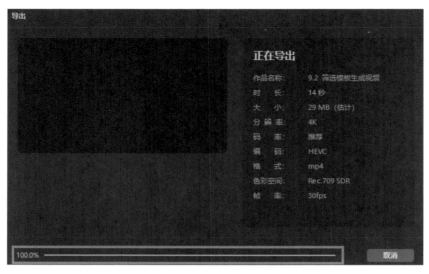

图 9-34　显示短视频的导出进度

图 9-35　短视频导出成功

第 10 章　素材生视频

　　素材包是剪映提供的一种局部模板，一个素材包通常包括特效、音频、文字和滤镜等素材。相比完整的视频模板，素材包模板的时长通常比较短，更适合用来制作片头和片尾。本章就来介绍使用素材包生成短视频的具体操作技巧。

10.1　上传图片素材

在使用素材包制作短视频时，用户需要先上传素材，做好制作短视频的准备。下面就来为大家介绍在剪映电脑版中上传图片素材的具体操作步骤。

步骤01 打开剪映电脑版，在"首页"界面中单击"开始创作"按钮，如图10-1所示，开始进行视频的创作。

图 10-1　单击"开始创作"按钮

步骤02 进入视频处理界面，单击界面中的"导入"按钮，如图10-2所示。

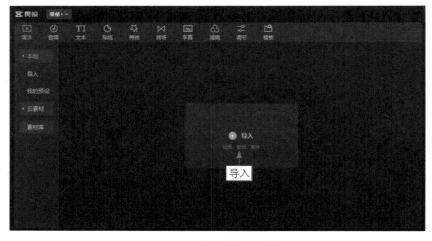

图 10-2　单击"导入"按钮

步骤03 在弹出的"请选择媒体资源"对话框中，选择要导入的图片素材，单击"打开"按钮，如图10-3所示。

图 10-3　单击"打开"按钮

步骤04 执行操作后，即可将图片素材导入剪映，单击图片素材右下方的"添加到轨道"按钮，如图10-4所示。

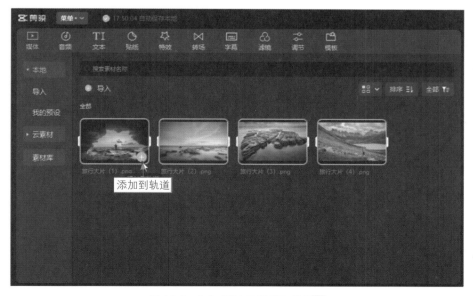

图 10-4　单击"添加到轨道"按钮

步骤05 执行操作后，即可将刚刚导入的所有图片素材都添加到视频轨道中，如图10-5所示。

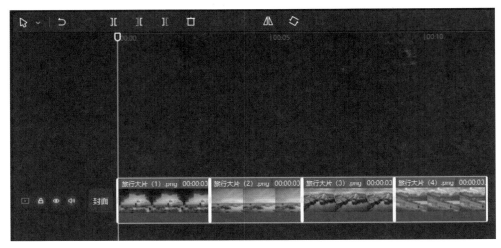

图 10-5　将刚刚导入的所有图片素材都添加到视频轨道中

10.2　制作片头和片尾

扫码看教学视频

【效果展示】：剪映提供了多种类型的素材包，用户可以导入图片素材并添加素材包，快速制作出片头、片尾，如图10-6所示。

图 10-6　使用素材包制作片头和片尾的短视频效果

下面就来介绍使用剪映电脑版制作片头和片尾的具体操作步骤。

步骤01 拖曳时间线至视频的起始位置，依次单击"模板"按钮和"素材包"按钮，如图10-7所示，展开"素材包"选项卡。

图10-7 单击"素材包"按钮

步骤02 单击"片头"按钮，选择一个合适的片头素材包，单击该素材包右下方的"添加到轨道"按钮 ，如图10-8所示。

图10-8 单击"添加到轨道"按钮 （1）

步骤03 执行操作后，如果片头位置显示相关信息，就说明片头素材包添加成功了,如图10-9所示。

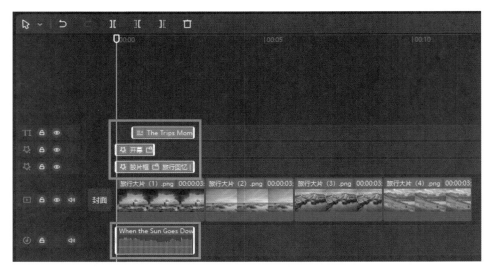

图 10-9 片头素材包添加成功

步骤04 拖曳时间线至合适的位置,在"片尾"选项卡中选择一个合适的片尾素材包,单击"添加到轨道"按钮 ⊕ ,如图10-10所示。

图 10-10 单击"添加到轨道"按钮 ⊕(2)

步骤05 执行操作后,如果片尾位置显示相关信息,就说明片尾素材包添加成功了,如图10-11所示。

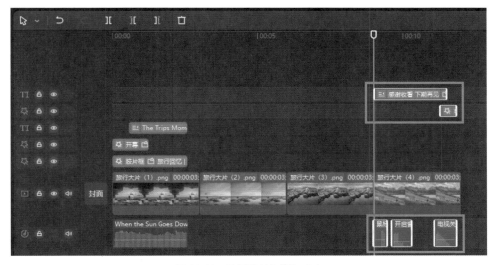

图 10-11　片尾素材包添加成功

10.3　调整短视频的效果

【效果展示】：给短视频添加片头与片尾之后，用户可以根据自身需求调整短视频的相关信息，提升短视频的整体效果，如图10-12所示。

扫码看教学视频

图 10-12　调整短视频信息之后的效果

下面介绍使用剪映电脑版调整短视频效果的具体操作步骤。

步骤01 选择轨道中的片头素材包，单击鼠标右键，在弹出的快捷菜单中选择"解除素材包"命令，如图10-13所示，解除素材包的绑定。

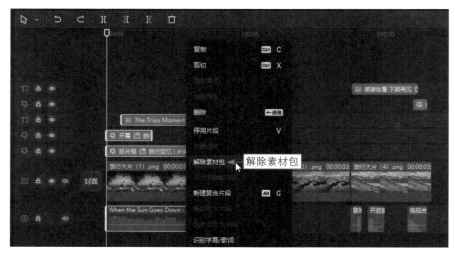

图 10-13　选择"解除素材包"命令

★ 专 家 提 醒 ★

素材包中的素材通常都是绑定的，为了更好地对某个素材单独进行编辑，在剪映电脑版中添加素材包之后，用户需要先解除素材包的绑定。

步骤02 解除片头素材包绑定之后，选择多余的素材信息，如选择其中的音频素材，单击"删除"按钮 ，如图10-14所示，将所选的音频素材删除。

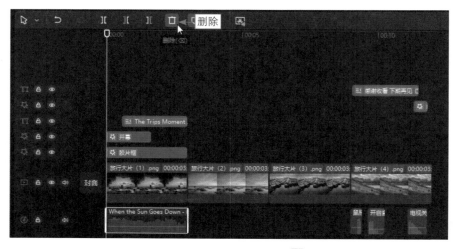

图 10-14　单击"删除"按钮

步骤03 选择片尾素材包，将其拖曳至合适的位置，让素材包的结尾与图片素材的结尾对齐，如图10-15所示。

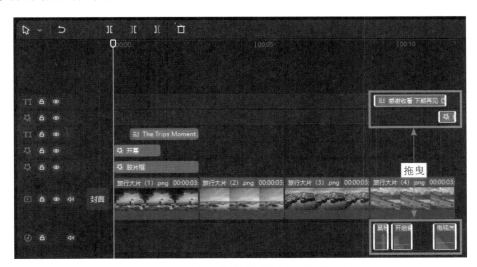

图 10-15　让素材包的结尾与图片素材的结尾对齐

步骤04 双击片尾素材包中的文字素材，在"文本"操作区的输入框中输入调整后的文本信息，如图10-16所示。

图 10-16　输入调整后的文本信息

步骤05 除了素材包信息，用户还可以对短视频的其他信息进行调整。以添加转场为例，只需将时间线拖曳至第1个图片素材所在的位置，单击"转场"按钮，单击对应转场效果右下方的"添加到轨道"按钮⊕即可，如图10-17所示。

图 10-17　单击"添加到轨道"按钮 ⊕（1）

步骤 06 如果第1个图片素材和第2个图片素材之间出现了 ⋈ 图标，就说明转场添加成功了，单击 ⋈ 图标，如图10-18所示。

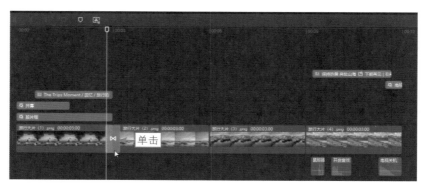

图 10-18　单击 ⋈ 图标

步骤 07 执行操作后，在"转场"操作区中设置转场的时长，单击"应用全部"按钮，如图10-19所示，在所有图片素材之间都添加同样的转场。

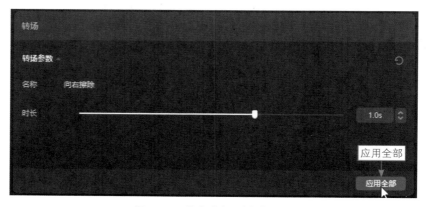

图 10-19　单击"应用全部"按钮

步骤 08 另外，用户还可以为短视频添加背景音乐。单击"音频"按钮，在搜索框中输入搜索的关键词，如输入"旅行"，如图10-20所示。

图 10-20 输入"旅行"

步骤 09 按Enter键确认，即可搜索到相关的音频。单击对应音频右下方的"添加到轨道"按钮 ，如图10-21所示。

图 10-21 单击"添加到轨道"按钮 （2）

步骤 10 如果音频轨道中显示刚刚选中的音频的相关信息，就说明背景音乐添加成功了。选择背景音乐素材，拖曳时间线至图片素材结束的位置，单击"向右裁剪"按钮，如图10-22所示。

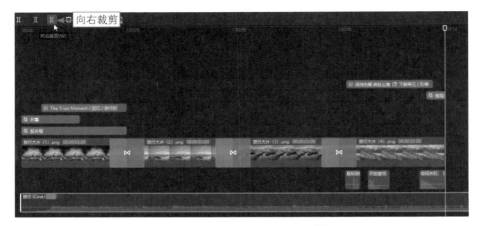

图 10-22　单击"向右裁剪"按钮

步骤11 执行操作后，如果时间线右侧的背景音乐不见了，就说明多余的背景音乐删除成功了，如图10-23所示。

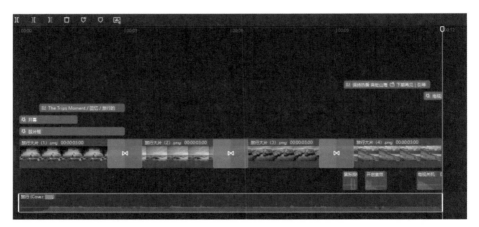

图 10-23　多余的背景音乐删除成功

10.4　导出短视频

在剪映电脑版中制作并调整好短视频的效果之后，用户可以将短视频导出，将其下载至自己的电脑中，下面就来介绍具体的操作步骤。

扫码看教学视频

步骤 01 调整好短视频的效果之后，单击剪映电脑版剪辑界面中的"导出"
按钮，如图10-24所示，进行短视频的导出。

图 10-24 单击"导出"按钮

步骤 02 执行操作后，会弹出"导出"对话框，如图10-25所示。

步骤 03 在"导出"对话框中设置短视频的导出信息，单击"导出"按钮，
如图10-26所示，将短视频导出。

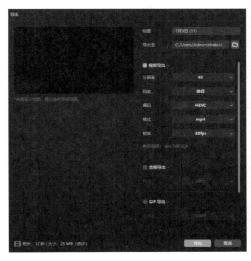

图 10-25 弹出"导出"对话框

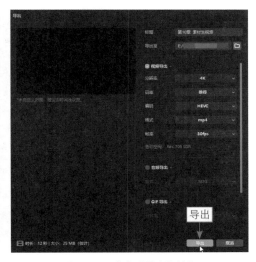

图 10-26 单击"导出"按钮

步骤 04 执行操作后，会弹出新的"导出"对话框，并显示短视频的导出进
度，如图10-27所示。

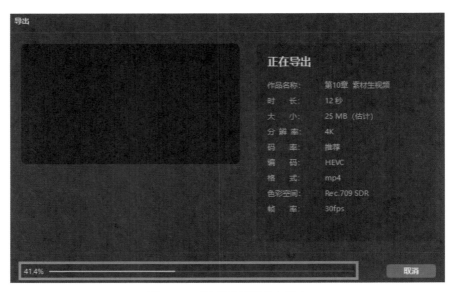

图 10-27　显示短视频的导出进度

步骤05 如果显示"导出完成，去发布！"就说明短视频导出成功了，如图11-28所示。

图 10-28　短视频导出成功

第 11 章　图文成片

剪映电脑版的"图文成片"功能可以根据用户提供的文案，智能匹配图片和视频素材，并自动添加相应的字幕、朗读音频和背景音乐，轻松完成文本生视频的操作。本章将介绍使用"图文成片"功能制作短视频的具体操作方法。

11.1 输入文案内容

当使用剪映电脑版的"图文成片"功能制作短视频时，只需输入文案内容，便可以制作出短视频的字幕。下面就来介绍使用"图文成片"功能，输入文案内容的具体操作步骤。

步骤 01 启动剪映电脑版，在"首页"界面中，单击"图文成片"按钮，如图11-1所示。

图 11-1 单击"图文成片"按钮

步骤 02 执行操作后，在弹出的"图文成片"对话框中，选择"自由编辑文案"选项，如图11-2所示。

图 11-2 选择"自由编辑文案"选项

步骤 03 在弹出的"自由编辑文案"对话框中，根据自身需求输入文案内容，如图11-3所示。

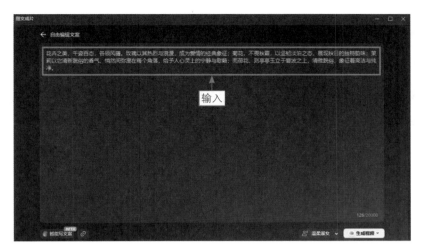

图 11-3 输入文案内容

步骤 04 对文案内容略作调整，使其可以更好地以字幕的形式出现在短视频中，如图11-4所示，即可完成文案内容的输入。

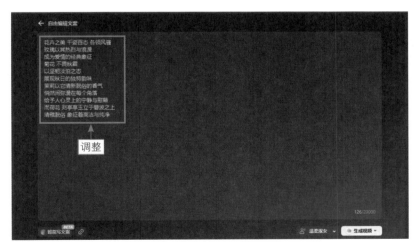

图 11-4 对文案内容略作调整

11.2 生成短视频的雏形

借助剪映电脑版的"图文成片"功能输入文案内容之后，用户即可使用文案生成短视频的雏形，具体操作步骤如下。

扫码看教学视频

步骤01 单击"生成视频"按钮，在"请选择成片方式"列表中，选择"智能匹配素材"选项，如图11-5所示。

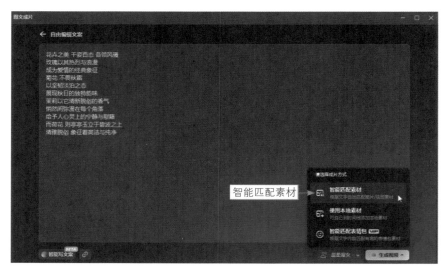

图 11-5　选择"智能匹配素材"选项

步骤02 稍等片刻，剪映会自动调取素材，根据文案内容生成视频的雏形，如图11-6所示。

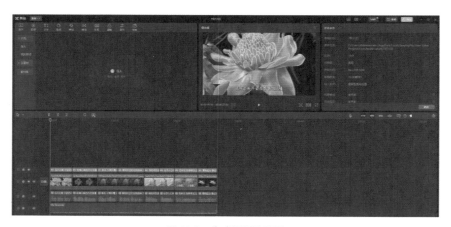

图 11-6　生成视频的雏形

11.3　替换短视频的素材

【效果展示】：剪映根据文案内容匹配的素材，可能会有部分不太合适或质量不够好的素材，用户可以根据自身需求对这些素材进行

扫码看教学视频

替换，获得满意的短视频效果，如图11-7所示。

图 11-7　替换素材后的短视频效果

下面就来介绍使用剪映电脑版替换短视频素材的具体操作步骤。

步骤01 将鼠标指针定位在第1个素材上，单击鼠标右键，弹出快捷菜单，选择"替换片段"命令，如图11-8所示，将图文不太相符的素材替换掉。

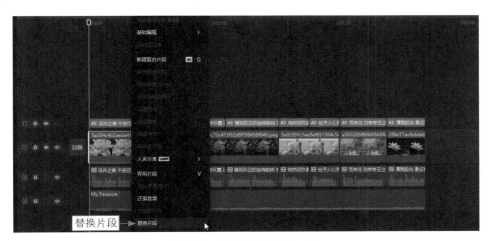

图 11-8　选择"替换片段"命令

步骤02 执行操作后，在弹出的"请选择媒体资源"对话框中，选择相应的图片素材，单击"打开"按钮，如图11-9所示。

步骤03 弹出"替换"对话框，单击"替换片段"按钮，如图11-10所示。

步骤 04 执行操作后，即可将该图片素材替换到视频片段中，如图11-11所示，同时导入到"媒体"功能区中。

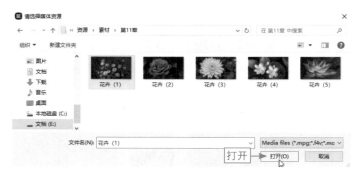

图 11-9　单击"打开"按钮

图 11-10　单击"替换片段"按钮

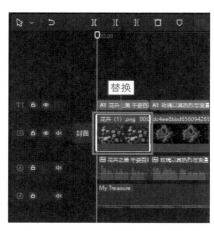

图 11-11　将图片素材替换到视频片段中

步骤 05 运用同样的方法，将其他不合适的素材替换掉，效果如图11-12所示。

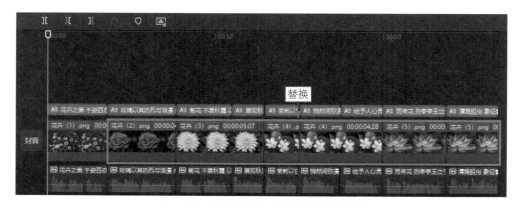

图 11-12　将其他不合适的素材替换掉的效果

11.4 导出短视频

扫码看教学视频

替换短视频素材，获得满意的效果之后，用户可以将短视频导出并保存至电脑中的合适位置，具体操作步骤如下。

步骤01 单击剪映电脑版编辑界面中的"导出"按钮，如图11-13所示，进行短视频的导出。

图 11-13　单击"导出"按钮

步骤02 在弹出的"导出"对话框中设置短视频的导出信息，单击"导出"按钮，即可导出短视频。如果显示"发布视频，让更多人看到你的作品吧！"就说明短视频导出成功了，如图11-14所示。

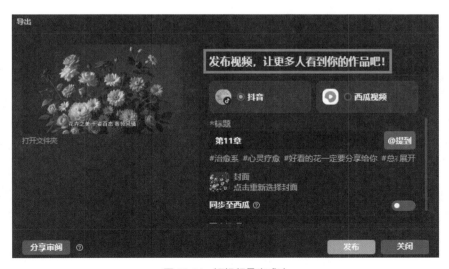

图 11-14　短视频导出成功

第 12 章　数字人视频

　　剪映是一款集视频剪辑和数字人技术于一体的短视频应用，用户可以通过剪映快速生成带有口型同步的数字人。剪映的数字人生成功能简单易用，用户可以根据自身需求定制数字人视频。

　　本章将为大家讲解剪映数字人视频的具体制作方法。

12.1　生成背景图片

扫码看教学视频

【效果展示】：在剪映中生成的虚拟数字人视频，默认背景是透明的，用户可以添加自己的素材作为背景。如果用户没有合适的素材，可以用即梦AI生成合适的背景图片，效果如图12-1所示。

下面就来介绍使用即梦AI生成背景图片的具体操作步骤。

步骤01 在即梦AI平台的"图片生成"选项卡的输入框中，输入提示词，设置"模型"信息，如图12-2所示。

步骤02 设置"比例"信息，单击"立即生成"按钮，如图12-3所示，进行背景图片的生成。

步骤03 执行操作后，即可生成4张AI图片，在第1张图片上的工具栏中单击"细节修复"按钮，如图12-4所示。

图 12-1　使用即梦 AI 生成的背景图片

步骤04 执行操作后，即可对第1张图片的细节进行重新绘制，在重新绘制的图片的工具栏中单击"超清图"按钮，如图12-5所示。

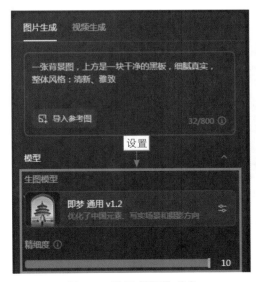

图 12-2　设置"模型"信息

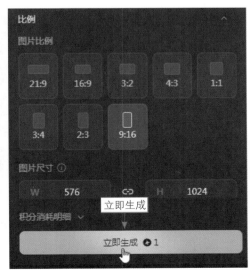

图 12-3　单击"立即生成"按钮

123

图 12-4　单击"细节修复"按钮 ✎

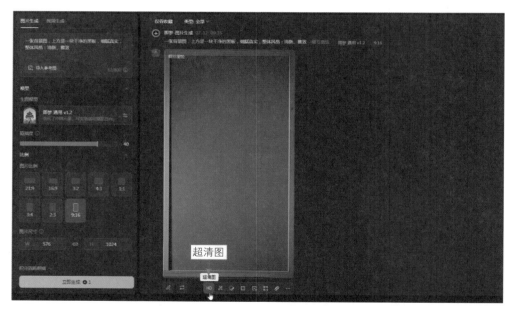

图 12-5　单击"超清图"按钮 ᴴᴰ

步骤 05 执行操作后，即可生成超清的背景图片，如图12-6所示。如果用户对生成的图片比较满意，可以单击"下载"按钮 ⬇，将图片下载至电脑中备用。

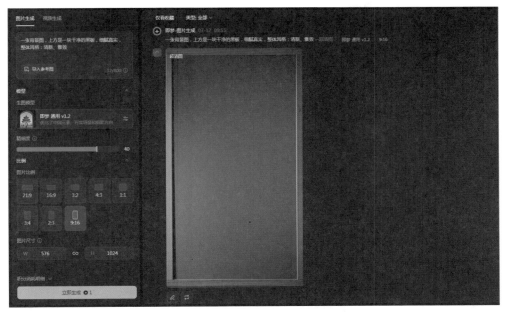

图 12-6　生成超清的背景图片

12.2　设置数字人形象

【效果展示】：生成背景图片之后，用户可以将背景图片导入剪映电脑版，并进行数字人的形象设置，效果如图12-7所示。

扫码看教学视频

图 12-7　设置数字人形象的效果

下面就来介绍使用剪映电脑版设置数字人形象的具体操作步骤。

步骤01 将背景图片导入剪映电脑版中，在"媒体"功能区的"本地"选项卡中，单击背景图片素材右下方的"添加到轨道"按钮⊕，如图12-8所示，将背景图片添加至时间线窗口中。

图 12-8　单击"添加到轨道"按钮⊕（1）

步骤02 在"文本"功能区的"新建文本"选项卡中，单击"默认文本"选项右下角的"添加到轨道"按钮⊕，如图12-9所示，添加一段默认的文本。

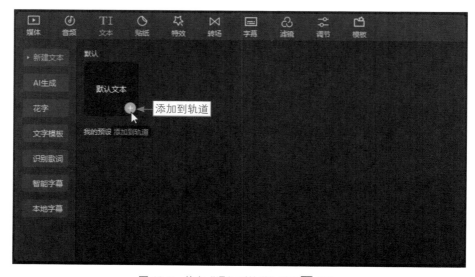

图 12-9　单击"添加到轨道"按钮⊕（2）

步骤03 在"数字人"操作区中，选择一个合适的数字人，单击"添加数字人"按钮，如图12-10所示。

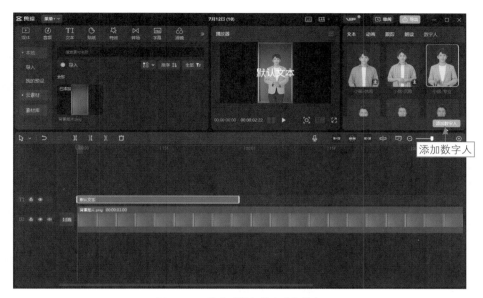

图 12-10　单击"添加数字人"按钮

步骤04 如果视频轨道中显示对应数字人的素材，就说明数字人添加成功了，如图12-11所示。

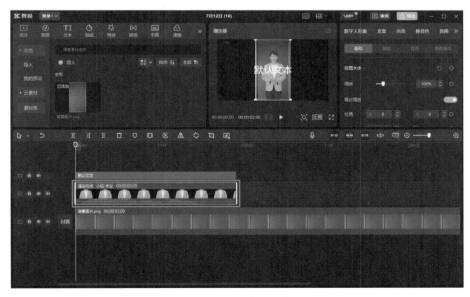

图 12-11　数字人添加成功

127

步骤05 在"播放器"窗口中，单击"比例"按钮，选择"9∶16（抖音）"选项，如图12-12所示，调整数字人短视频的画面比例。

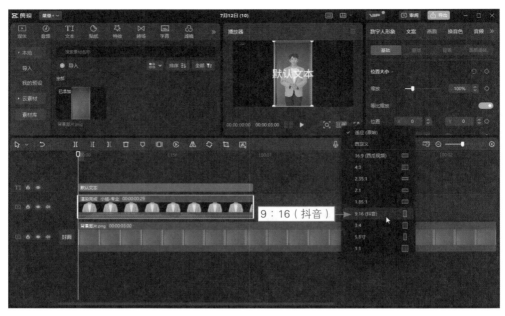

图12-12 选择"9∶16（抖音）"选项

步骤06 选择数字人素材，在"画面"操作区中，设置数字人的"位置大小"信息，如图12-13所示，完成数字人的形象设置。

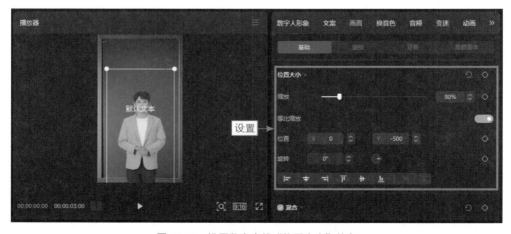

图12-13 设置数字人的"位置大小"信息

12.3　制作短视频的字幕

扫码看教学视频

【效果展示】：设置好数字人的形象之后，用户可以输入文案内容，并使用剪映电脑版制作短视频的字幕，效果如图12-14所示。

图 12-14　使用剪映电脑版制作短视频字幕的效果

下面就来介绍使用剪映电脑版制作短视频字幕的具体操作步骤。

步骤01 选择默认文本素材，单击"删除"按钮，如图12-15所示，将其删除。

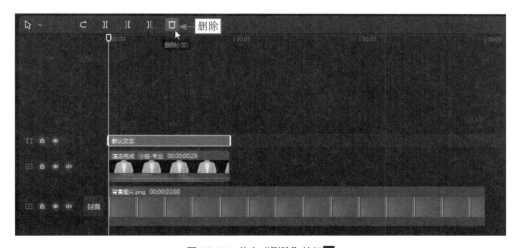

图 12-15　单击"删除"按钮

步骤 02 选择数字人素材，在"文案"操作区的文本框中输入文案内容，单击"确认"按钮，如图12-16所示，调整数字人素材。

图 12-16 单击"确认"按钮

步骤 03 执行操作后，剪映会根据文案内容生成新的数字人素材，调整背景图片素材的长度，使其与数字人素材的时长一致，如图12-17所示。

图 12-17 调整背景图片素材的长度

步骤 04 选择数字人素材，单击"文本"功能区中的"智能字幕"按钮，如图12-18所示，切换至"智能字幕"选项卡。

步骤 05 切换至"智能字幕"选项卡，单击"识别字幕"下方的"开始识别"按钮，如图12-19所示，根据数字人素材识别字幕。

步骤 06 执行操作后，即可识别数字人素材，并生成对应的字幕素材，如图12-20所示。

图 12-18 单击"智能字幕"按钮

图 12-19 单击"开始识别"按钮

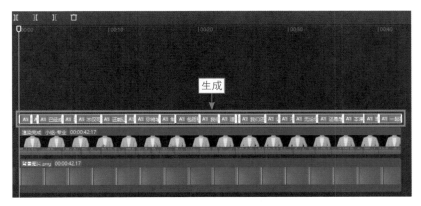

图 12-20 生成对应的字幕素材

步骤 07 选择所有的字幕素材，在"文本"操作区中设置字幕的字体、字号和样式等信息，如图12-21所示。

131

图 12-21　设置字幕的字体、字号和样式等信息

步骤 08 滚动鼠标滚轮，选择合适的字幕预设样式，如图12-22所示。

图 12-22　选择合适的字幕预设样式

步骤 09 再次滚动鼠标滚轮，设置字幕的位置和大小信息，如图12-23所示，完成字幕信息的整体设置。

图 12-23　设置字幕的位置和大小信息

步骤10 除了对字幕的整体信息进行设置，用户还可以单独对某条字幕的信息进行设置。例如，要调整字幕内容，只需选择对应的字幕，在"文本"操作区的文本框中输入调整后的字幕内容即可，如图12-24所示。

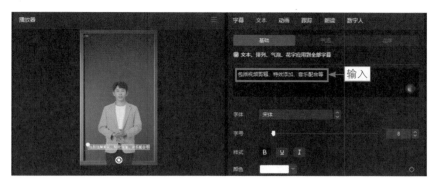

图 12-24 输入调整后的字幕内容

12.4 制作片头和片尾

【效果展示】：通过对素材添加文本信息和动画，用户能够轻松制作出主题鲜明、动感十足的片头和片尾效果，效果如图12-25所示。

扫码看教学视频

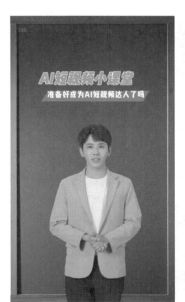

图 12-25 制作短视频的片头和片尾效果

下面就来介绍使用剪映电脑版制作片头和片尾效果的具体操作步骤。

步骤01 在"媒体"功能区的"本地"选项卡中，单击背景素材右下角的"添加到轨道"按钮➕，再在视频轨道中添加一段背景素材，作为片头素材。选择数字人素材，单击"定格"按钮▢▢，如图12-26所示。

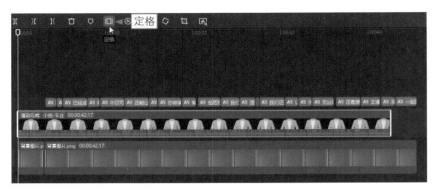

图 12-26　单击"定格"按钮▢▢

步骤02 执行操作后，即可生成一段定格素材，如图12-27所示。

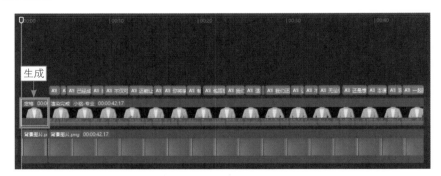

图 12-27　生成一段定格素材

步骤03 调整第1段背景素材和定格素材的持续时长，如图12-28所示，使所有素材衔接顺畅。

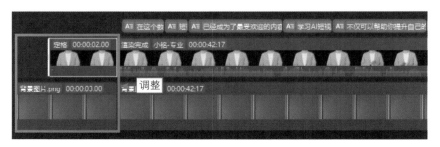

图 12-28　调整第 1 段背景素材和定格素材的持续时长

步骤04 选择第1段背景素材，在"动画"操作区的"入场"选项卡中，选择"交错开幕"动画效果，如图12-29所示，为片头添加入场动画。

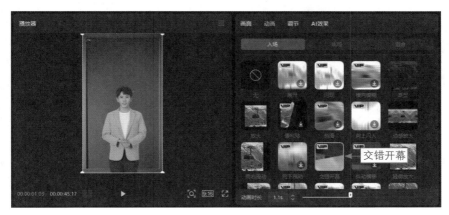

图 12-29 选择"交错开幕"动画效果

步骤05 选择定格素材，在"入场"选项卡中，选择"渐显"动画效果，如图12-30所示，让数字人慢慢显示出来。

图 12-30 选择"渐显"动画效果

步骤06 拖曳时间线至定格素材的起始位置，在"文本"功能区的"文字模板"|"片头标题"选项卡中，单击相应文字模板右下角的"添加到轨道"按钮，如图12-31所示，添加一段片头文本。

步骤07 执行操作后，如果轨道中显示对应文本的相关信息，就说明文字模板添加成功了，如图12-32所示。

步骤08 根据自身需求调整文字模板的应用范围，例如，使其结束位置与数字人素材结束的位置对齐，如图12-33所示。

图 12-31　单击"添加到轨道"按钮⊕

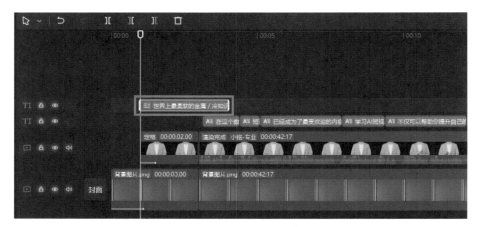

图 12-32　文字模板添加成功

图 12-33　调整文字模板的应用范围

步骤09 进入"文本"操作区，根据短视频素材内容输入文本信息，如图12-34所示，对文字模板的信息进行调整。

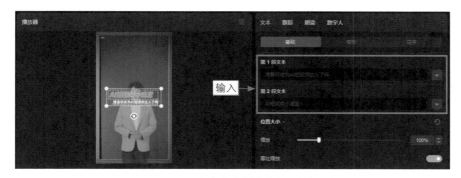

图 12-34 根据短视频素材内容输入文本信息

步骤10 在"文本"操作区中调整文本的位置，如将X参数值设置为0、Y参数值设置为1000，如图12-35所示。

图 12-35 调整文本的位置

步骤11 如果时间线窗口中显示刚刚输入的文本信息，就说明文本信息设置成功了，如图12-36所示。

图 12-36 文本信息设置成功

步骤12 选择第2段背景素材，在"动画"操作区的"出场"选项卡中，选择"渐隐"动画，设置"动画时长"参数为0.5s，如图12-37所示，即可制作出画面渐渐变黑的片尾效果。

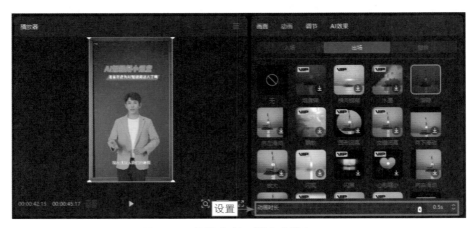

图 12-37 设置"动画时长"参数为 0.5s

12.5 导出短视频

完成短视频内容的制作之后，用户可以将其导出，并保存至自己的电脑中，下面介绍具体的操作步骤。

扫码看教学视频

步骤01 调整好短视频的效果之后，单击剪映电脑版编辑界面中的"导出"按钮，如图12-38所示，进行短视频的导出。

图 12-38 单击"导出"按钮（1）

步骤02 执行操作后，会弹出"导出"对话框，在"导出"对话框中设置短视频的导出信息，单击"导出"按钮，如图12-39所示，将短视频导出。

步骤03 执行操作后，会弹出新的"导出"对话框，并显示短视频的导出进度，如果显示"发布视频，让更多人看到你的作品吧！"就说明短视频导出成功了，如图12-40所示。短视频导出成功后，用户可以单击"打开文件夹"按钮进行查看。

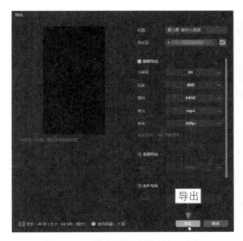

图 12-39 单击"导出"按钮（2）

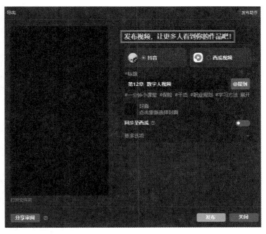

图 12-40 短视频导出成功

第 13 章　画面智能剪辑

　　随着版本的更新，剪映带来了更多的AI剪辑处理功能，这些功能可以帮助大家快速提升剪辑效率，节省剪辑时间。本章将为大家介绍画面智能剪辑的基本技巧和进阶技巧，包括智能裁剪、识别字幕、识别歌词、超清画质、面容美化和智能打光等。

13.1　画面智能剪辑的基本技巧

剪映中的AI剪辑功能可以帮助人们快速剪辑短视频，用户只需稍等片刻，就可以制作出理想的画面效果。本节主要介绍AI短视频画面剪辑的基本技巧，帮助大家打好剪辑的基础。

13.1.1　智能裁剪

扫码看教学视频

【效果对比】：利用"智能裁剪"功能可以转换短视频的比例，快速实现横竖屏的转换，同时自动追踪主体，让主体保持在最佳位置。在剪映中可以将横版的短视频转换为竖版的短视频，这样短视频会更适合在手机中播放和观看，还能裁去多余的画面，原画面效果与转换视频比例后的画面效果对比如图13-1所示。

图 13-1　原画面效果与转换视频比例后的画面效果对比

下面就来介绍使用剪映电脑版裁剪视频比例的具体操作方法。

步骤01 进入剪映电脑版的"首页"界面，单击界面中的"智能裁剪"按钮，如图13-2所示。

步骤02 弹出"智能裁剪"对话框，单击"导入视频"按钮，如图13-3所示。

步骤03 弹出"打开"对话框，在相应的文件夹中，选择短视频素材，单击"打开"按钮，如图13-4所示，导入短视频。

图 13-2　单击"智能裁剪"按钮

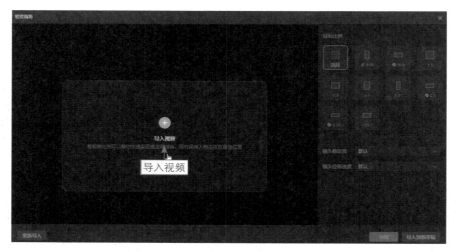

图 13-3　单击"导入视频"按钮

图 13-4　单击"打开"按钮

步骤04 在"智能裁剪"对话框中，选择9∶16选项，把横屏转换为竖屏，设置"镜头稳定度"为"稳定"，如图13-5所示。

图 13-5　设置"镜头稳定度"为"稳定"

步骤05 设置"镜头位移速度"为"更慢"，如图13-6所示，继续稳定画面。

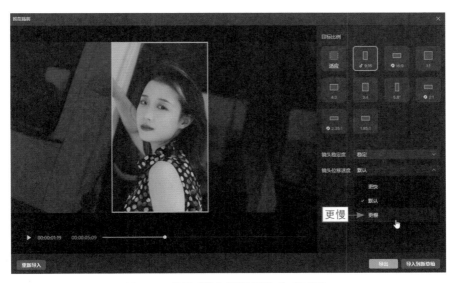

图 13-6　设置"镜头位移速度"为"更慢"

步骤06 单击"导出"按钮，如图13-7所示，将调整后的短视频导出。

图 13-7　单击"导出"按钮

步骤 07 弹出"另存为"对话框，选择相应的文件夹，输入文件名称，单击"保存"按钮，如图13-8所示，即可将成品短视频导出至相应的文件夹。

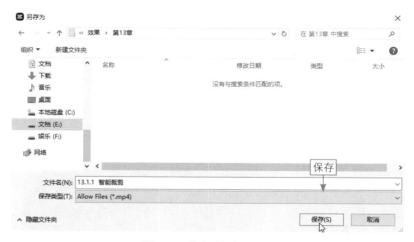

图 13-8　单击"保存"按钮

13.1.2　识别字幕

扫码看教学视频

【效果展示】：运用"识别字幕"功能识别出来的字幕，会自动生成在短视频画面的下方，不过需要短视频中带有清晰的人声音频，否则识别不出来，方言和外语可能也识别不出来，效果如图13-9所示。

图 13-9　运用剪映电脑版"识别字幕"功能生成的字幕效果

下面就来介绍使用剪映电脑版智能识别字幕的具体操作方法。

步骤 01 将短视频素材添加至剪映电脑版"媒体"功能区的"本地"选项卡中，单击短视频素材右下角的"添加到轨道"按钮，如图13-10所示，把短视频素材添加到视频轨道中。

图 13-10　单击"添加到轨道"按钮

步骤 02 单击"文本"按钮，进入"文本"功能区，切换至"智能字幕"选项卡，单击"识别字幕"下方的"开始识别"按钮，如图13-11所示。

图 13-11　单击"开始识别"按钮

145

步骤 03 稍等片刻，即可识别并生成字幕，如图13-12所示。

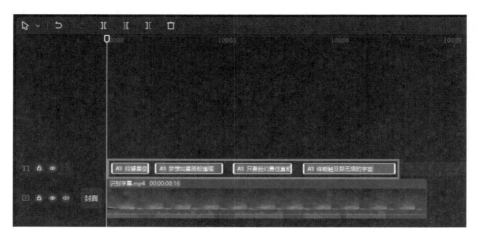

图 13-12　识别并生成字幕

步骤 04 选择生成的字幕，在"文本"选项卡中设置字幕的预设样式，如图13-13所示，完成短视频字幕的制作。字幕制作完成后，即可单击"导出"按钮，将短视频保存至电脑中的对应位置。

图 13-13　设置字幕的预设样式

13.1.3　识别歌词

【效果展示】：如果短视频中有清晰的中文歌曲背景音乐，可以使用"识别歌词"功能，快速识别出歌词字幕，省去了手动添加歌词字幕的操作，效果如图13-14所示。

扫码看教学视频

图 13-14　运用剪映电脑版智能识别短视频歌词的效果

下面就来介绍使用剪映电脑版智能识别短视频歌词的具体操作方法。

步骤 01 将短视频素材添加至剪映电脑版"媒体"功能区的"本地"选项卡中，单击短视频素材右下角的"添加到轨道"按钮，如图13-15所示，即可将短视频素材添加到视频轨道中。

图 13-15　单击"添加到轨道"按钮

步骤 02 单击"文本"按钮，进入"文本"功能区，切换至"识别歌词"选项卡，单击"开始识别"按钮，如图13-16所示。

图 13-16　单击"开始识别"按钮

147

步骤 03 稍等片刻，即可识别并生成歌词，如图13-17所示。

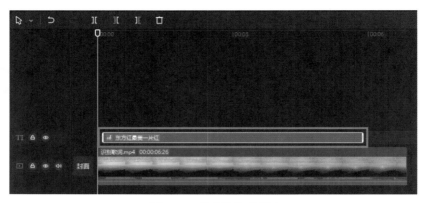

图 13-17　识别并生成歌词

步骤 04 选择生成的歌词，在"文本"选项卡中调整歌词内容，设置歌词的预设样式，如图13-18所示，即可完成短视频歌词的制作。

图 13-18　设置歌词的预设样式

13.1.4　智能调色

【效果对比】：如果短视频的画面过曝或者欠曝，色彩也不够鲜艳，可以使用"智能调色"功能，对画面进行自动调色，原画面与调色后的画面对比如图13-19所示。

扫码看教学视频

下面就来介绍使用剪映电脑版调整短视频画面色彩的具体操作方法。

步骤 01 将短视频素材添加至剪映电脑版"媒体"功能区的"本地"选项卡中，单击短视频素材右下角的"添加到轨道"按钮，如图13-20所示，即可将短视频素材添加到视频轨道中。

图 13-19 运用剪映电脑版进行智能调色前后的画面对比

图 13-20 单击"添加到轨道"按钮

步骤02 选择视频素材，单击"调节"按钮，进入"调节"操作区，选中"智能调色"复选框，如图13-21所示，即可进行智能调色。

图 13-21 选中"智能调色"复选框

★ 专家提醒 ★

在进行智能调色处理时，用户还可以设置"强度"参数，调整调色程度。另外，有时候为了让画面的色彩更加鲜艳，还需要对色温、色调、饱和度和光感等信息进行设置。

13.1.5 智能补帧

扫码看教学视频

【效果对比】：在制作慢速效果的时候，可以使用"智能补帧"功能让慢速画面变得流畅。在人物走路的短视频中，可以制作走路慢动作效果，效果如图13-22所示。

图 13-22　运用剪映电脑版进行智能补帧前后的画面对比

下面就来介绍使用剪映电脑版制作慢速效果的具体操作方法。

步骤 01 将短视频素材添加至剪映电脑版"媒体"功能区的"本地"选项卡中，单击短视频素材右下角的"添加到轨道"按钮 ，如图13-23所示，即可将短视频素材添加到视频轨道中。

图 13-23　单击"添加到轨道"按钮

步骤 02 单击"变速"按钮，进入"变速"操作区，在"常规变速"选项卡中设置"倍速"参数，选中"智能补帧"复选框，如图13-24所示，稍等片刻，即可制作慢动作短视频效果。

图 13-24　选中"智能补帧"复选框

13.2　画面智能剪辑的进阶技巧

为了让大家快速晋级为AI短视频剪辑高手，本节主要介绍超清画质、面容美化和智能打光等短视频剪辑的进阶技巧。

13.2.1　超清画质

【效果对比】：如果视频画面不够清晰，可以使用剪映中的"超清画质"功能，修复视频，让视频画面变得更加清晰，原画面效果与调整后的画面效果对比如图13-25所示。

扫码看教学视频

图 13-25　运用剪映电脑版进行超清画质处理前后画面效果对比

下面介绍使用剪映电脑版智能修复短视频画面的具体操作方法。

步骤01 将短视频素材添加至剪映电脑版"媒体"功能区的"本地"选项卡中，单击短视频素材右下角的"添加到轨道"按钮，如图13-26所示，即可将短视频素材添加到视频轨道中。

图 13-26　单击"添加到轨道"按钮

步骤02 选中"画面"操作区中的"超清画质"复选框，如图13-27所示，即可修复视频画面，让短视频变得更加清晰。

图 13-27　选中"超清画质"复选框

13.2.2　面容美化

【效果对比】：智能美妆是一项美颜功能，使用这项功能可以快速为人物进行化妆，美化人物的面容，调整画面前后效果对比如图13-28所示。

扫码看教学视频

图 13-28 运用剪映电脑版美化面容前后效果对比

下面介绍使用剪映电脑版智能美化人物面容的具体操作方法。

步骤01 将短视频素材添加至剪映电脑版"媒体"功能区的"本地"选项卡中，单击短视频素材右下角的"添加到轨道"按钮 ，如图13-29所示，即可将短视频素材添加到视频轨道中。

图 13-29 单击"添加到轨道"按钮

步骤02 选择视频素材，在"画面"操作区中，切换至"美颜美体"选项卡，选中"美妆"复选框，选择"中国妆"选项，如图13-30所示，为人物快速化妆。

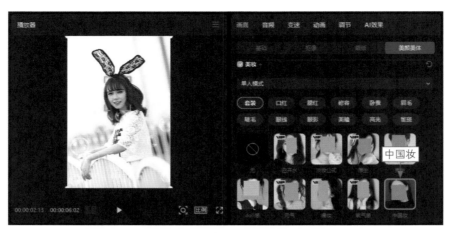

图 13-30　选择"中国妆"选项

★ 专 家 提 醒 ★

　　有的妆容使用之后人物与原来的效果相差不大，对此用户可以选择有明显差别的妆容，也可以在选择妆容之后，对人物进行"美颜"设置。

　　步骤03 为了继续美化面容，可以选中"美颜"复选框，根据需求设置相关信息，如图13-31所示，让人物更具有观赏性。

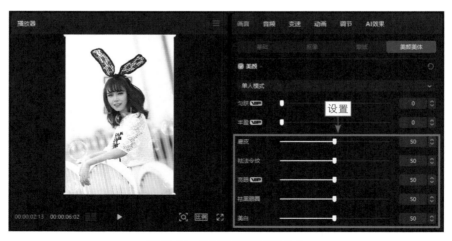

图 13-31　根据需求设置相关信息

13.2.3　智能打光

　　【效果对比】：如果拍摄前期缺少打光操作，在剪映中可以使用"智能打光"功能，为画面增加光源，营造环境氛围光。"智能打

扫码看教学视频

154

光"功能有多种不同的光源和类型可选，用户只需根据自身需求选择即可，智能打光前后画面效果对比如图13-32所示。

图 13-32 运用剪映电脑版智能打光营造环境氛围光前后画面效果对比

下面就来介绍使用剪映电脑版智能打光营造环境氛围光的具体操作方法。

步骤01 将短视频素材添加至剪映电脑版"媒体"功能区的"本地"选项卡中，单击短视频素材右下角的"添加到轨道"按钮■，如图13-33所示，即可将短视频素材添加到视频轨道中。

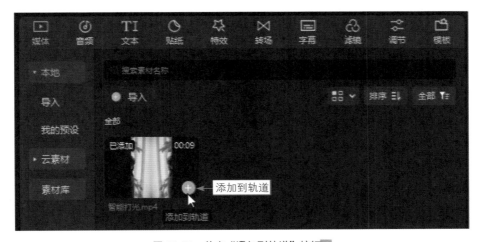

图 13-33 单击"添加到轨道"按钮■

步骤 02 在"画面"操作区中,选中"智能打光"复选框,选择合适的打光方式,如选择"温柔面光"选项,如图13-34所示。

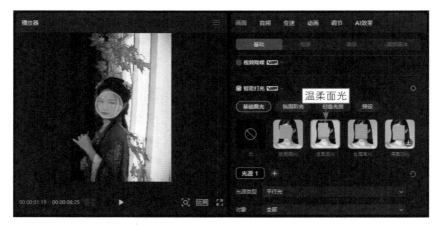

图 13-34　选择"温柔面光"选项

步骤 03 拖曳打光圆环至人物的脸上,设置打光的信息,如图13-35所示,稍等片刻,即可为人物打光。

图 13-35　设置打光的信息

13.2.4　智能运镜

【效果展示】:在抖音中可以发现一些运镜效果非常酷炫的跳舞视频,如何才能做出这样的效果呢?在剪映电脑版中,使用"智能运镜"功能,可以让短视频的画面变得动感起来,效果如图13-36所示。

扫码看教学视频

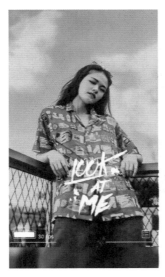

图 13-36 运用剪映电脑版"智能运镜"功能提升短视频的动感效果

下面就来介绍使用剪映电脑版"智能运镜"功能提升画面动感的具体操作方法。

步骤01 将短视频素材添加至剪映电脑版"媒体"功能区的"本地"选项卡中，单击短视频素材右下角的"添加到轨道"按钮 ，如图13-37所示，即可将短视频素材添加到视频轨道中。

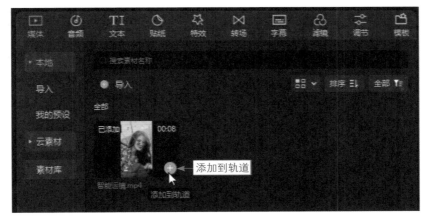

图 13-37 单击"添加到轨道"按钮

步骤02 在"画面"操作区中，选中"智能运镜"复选框，选择合适的运镜方式，如选择"缩放"选项，并设置缩放的程度，如图13-38所示，稍等片刻，即可为短视频应用对应的运镜方式。

图 13-38　设置缩放的程度

13.2.5　智能包装

【效果展示】：所谓"包装"，就是让短视频的内容更加丰富、形式更加多样，利用剪映App中的"智能包装"功能，可以一键添加文字，对短视频进行包装，效果如图13-39所示。

扫码看教学视频

图 13-39　运用剪映 App "智能包装"功能的效果

下面就来介绍使用剪映App对短视频进行包装的具体操作方法。

步骤01 在剪映 App 中导入短视频素材，点击"文本"按钮，如图 13-40 所示。

步骤02 点击二级工具栏中的"智能包装"按钮，如图13-41所示。

图 13-40 点击"文本"按钮

图 13-41 点击"智能包装"按钮

步骤03 弹出相应的进度提示，如图13-42所示。

步骤04 稍等片刻，即可生成智能文字模板。此时，用户可以调整文字信息的样式，优化文字信息的显示效果，点击"编辑"按钮，如图13-43所示。

图 13-42 弹出相应的进度提示

图 13-43 点击"编辑"按钮

步骤 05 在弹出的面板中选择合适的花字样式，点击确认☑️按钮，如图13-44所示，即可完成所选文字信息的样式调整。

步骤 06 按照同样的操作步骤，完成其他文字信息的样式调整，效果如图13-45所示。

图 13-44　点击确认☑️按钮　　　　图 13-45　完成其他文字信息的样式调整

13.2.6　人物特效

扫码看教学视频

【效果展示】：如果用户不想在短视频中露出自己的脸，可以添加 AI 人物特效进行"变脸"，效果如图 13-46 所示。

图 13-46　运用剪映电脑版添加 AI 人物特效的效果

下面就来介绍使用剪映App添加AI人物特效的具体操作方法。

步骤 01 在剪映App中导入短视频素材，点击"特效"按钮，如图13-47所示。

步骤02 在弹出的二级工具栏中，点击"人物特效"按钮，如图13-48所示。

步骤03 在弹出的人物特效面板中，点击"形象"按钮，如图13-49所示，"形象"选项卡。

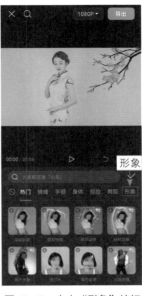

图13-47 点击"特效"按钮　　图13-48 点击"人物特效"按钮　　图13-49 点击"形象"按钮

步骤04 切换至对应选项卡后，选择该选项卡中的"卡通脸"选项，点击确认☑按钮，如图13-50所示。

步骤05 调整人物特效的持续时长，使其与短视频的长度一致，如图13-51所示，即可完成AI人物特效的添加。

图13-50 点击确认☑按钮　　图13-51 调整人物特效的
持续时长

161

第 14 章　音频智能处理

　　一段成功的短视频离不开音频的配合，音频可以增加现场的真实感，塑造人物形象和渲染场景氛围。在剪映中，不仅可以添加音频，还可以对声音进行智能处理，比如美化人声、人声分离、改变音色、智能剪口播等，让短视频的音效更动听。

14.1 人声的智能剪辑技巧

剪映中的AI功能可以智能处理短视频中的音频，提升音频处理的时间和效率。本节将介绍AI短视频音频内容的人声处理技巧，不过部分功能需要开通剪映会员才能使用。

14.1.1 人声美化

【效果展示】：在剪映中，可以对视频中的人声进行美化处理，让人声具有更好的效果，效果如图14-1所示。

扫码看教学视频

图 14-1 运用剪映电脑版智能美化人声的短视频效果

下面就来介绍使用剪映电脑版智能美化人声的具体操作方法。

步骤 01 将短视频素材添加至剪映电脑版"媒体"功能区的"本地"选项卡中，单击短视频素材右下角的"添加到轨道"按钮■，如图14-2所示，把短视频素材添加到视频轨道中。

图 14-2 单击"添加到轨道"按钮■

步骤 02 单击"音频"按钮，进入"音频"操作区，选中"基础"选项卡中的"人声美化"复选框，如图14-3所示。

图 14-3 选中"人声美化"复选框

步骤 03 设置美化的强度，如图14-4所示，即可对短视频中的人声进行美化。

图 14-4 设置美化的强度

14.1.2 人声分离

扫码看教学视频

【效果展示】：如果短视频中的音频同时有人声和背景音，可以使用"人声分离"功能，仅保留短视频中的人声或者背景音，从而满足大家的声音创作需求，效果如图14-5所示。

下面就来介绍使用剪映电脑版"人声分离"功能的具体操作方法。

图 14-5　运用剪映电脑版"人声分离"功能的短视频效果

步骤01 将短视频素材添加至剪映电脑版"媒体"功能区的"本地"选项卡中，单击短视频素材右下角的"添加到轨道"按钮，如图14-6所示，把短视频素材添加到视频轨道中。

图 14-6　单击"添加到轨道"按钮

步骤02 单击"音频"按钮，进入"音频"操作区，选中"人声分离"复选框，如图14-7所示，即可将音频中的背景音删除。

图 14-7　选中"人声分离"复选框

14.1.3 改变音色

扫码看教学视频

【效果展示】：如果用户对原声的音色不是很满意，或者想改变音频的音色，可以使用AI改变音频的音色，实现"魔法变声"，效果如图14-8所示。

图 14-8　运用剪映电脑版智能改变短视频音色的短视频效果

下面就来介绍使用剪映电脑版智能改变人物音色的具体操作方法。

步骤01 将短视频素材添加至剪映电脑版"媒体"功能区的"本地"选项卡中，单击短视频素材右下角的"添加到轨道"按钮￼，如图14-9所示，把短视频素材添加到视频轨道中。

图 14-9　单击"添加到轨道"按钮￼

步骤02 单击"音频"按钮，进入"音频"操作区，单击"声音效果"按钮，如图14-10所示，切换至"声音效果"选项卡。

步骤03 在"音色"选项卡中选择合适的音色选项，如选择"广告男声"选项，如图14-11所示，即可将女生音色变成男生音色。

★ 专 家 提 醒 ★

智能改变人物音色比较适合人物说话、朗读的短视频，如果是人物唱歌的短视频，改变音色之后的效果可能会欠佳。

图 14-10 单击"声音效果"按钮

图 14-11 选择"广告男声"选项

14.1.4 智能剪口播

扫码看教学视频

【效果展示】：利用剪映中的"智能剪口播"功能可以快速提取口播视频中的语气词和重复用词，快速删除不需要的内容，提升口播视频的质量，效果如图14-12所示。

图 14-12 运用剪映电脑版"智能剪辑口播"功能的短视频效果

　　下面就来介绍使用剪映电脑版"智能剪辑口播"功能提升口播质量的具体操作方法。

步骤01 将短视频素材添加至剪映电脑版"媒体"功能区的"本地"选项卡中，单击短视频素材右下角的"添加到轨道"按钮，如图14-13所示，把短视频素材添加到视频轨道中。

图 14-13　单击"添加到轨道"按钮

步骤02 选择短视频素材，单击鼠标右键，在弹出的快捷菜单中选择"智能剪口播"选项，如图14-14所示。

图 14-14　选择"智能剪口播"选项

步骤03 执行操作后，在"文本"操作区中单击"标记无效片段"按钮，如图14-15所示，让剪映标记短视频中无效的片段。

步骤04 在新弹出的面板中选中需要删除的内容对应的复选框，单击"删除"按钮，如图14-16所示，即可删除无效的片段。

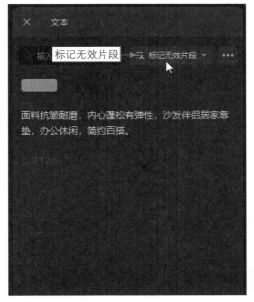

图 14-15　单击"标记无效片段"按钮

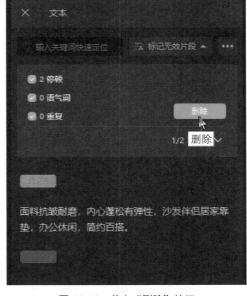

图 14-16　单击"删除"按钮

★ 专 家 提 醒 ★

在进行智能剪辑口播操作时，剪映电脑版会识别音频内容并生成相应的文本信息。在此过程中，可能会出现文本信息错误的情况。如果错误的文本信息需要显示出来，需要及时进行修改；如果错误的文本信息不用显示出来，则可以选择忽略。

14.2　其他的音频智能剪辑技巧

为了让大家学会更多的AI短视频音频处理功能，本节主要向大家介绍智能匹配场景音和添加朗读音频的处理方法。

14.2.1　匹配场景音

【效果展示】：在剪映的"场景音"选项卡中，有许多AI声音处理效果，用户可以根据短视频的内容添加合适的场景音，效果如图14-17所示。

扫码看教学视频

图 14-17　运用剪映电脑版匹配短视频场景音的画面效果

下面就来介绍使用剪映电脑版匹配场景音的具体操作方法。

步骤01 将短视频素材添加至剪映电脑版"媒体"功能区的"本地"选项卡中，单击短视频素材右下角的"添加到轨道"按钮 ，如图14-18所示，把短视频素材添加到视频轨道中。

图 14-18　单击"添加到轨道"按钮

步骤02 进入"音频"操作区的"声音效果"选项卡，单击"场景音"按钮，如图14-19所示，切换至"场景音"选项卡。

图 14-19　单击"场景音"按钮

步骤03 切换至"场景音"选项卡后，选择合适的场景音效果，如选择"空灵感"选项，如图14-20所示，即可为短视频匹配对应的场景音。

图 14-20 选择"空灵感"选项

14.2.2 添加朗读音频

【效果展示】：在一些图片类素材中，用户可以通过智能朗读来为短视频添加音频，用美声来打动观众，效果如图14-21所示。

扫码看教学视频

图 14-21 运用剪映电脑版"智能朗读"为短视频添加音频的画面效果

下面就来介绍使用剪映电脑版"智能朗读"功能为短视频添加音频的具体操作方法。

步骤01 将短视频素材添加至剪映电脑版"媒体"功能区的"本地"选项卡

中，单击短视频素材右下角的"添加到轨道"按钮，如图14-22所示，即可将短视频素材添加到视频轨道中。

图 14-22　单击"添加到轨道"按钮

步骤 02 单击"文本"按钮，进入"文本"功能区，单击"默认文本"右下角的"添加到轨道"按钮，添加文本素材，选择文本素材，如图14-23所示。

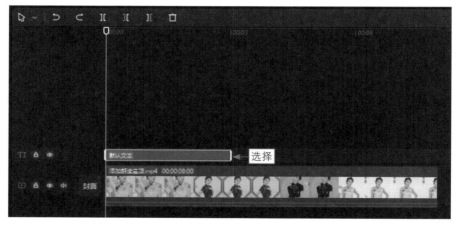

图 14-23　选择文本素材

步骤 03 进入"文本"操作区，在输入框中输入文案内容，如图14-24所示。

步骤 04 单击"朗读"按钮，如图14-25所示，切换操作区，通过朗读制作音频。

步骤 05 在"朗读"操作区中选择合适的朗读音色，如选择"古风男主"音色，单击"开始朗读"按钮，如图14-26所示，生成配音音频。

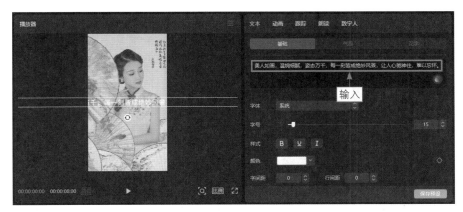

图 14-24　输入文案内容

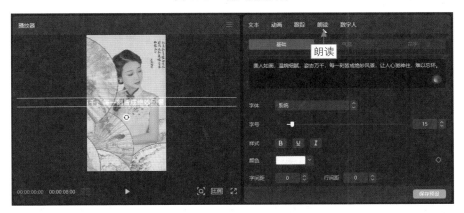

图 14-25　单击"朗读"按钮

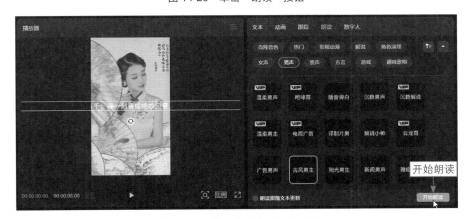

图 14-26　单击"开始朗读"按钮

步骤06 如果音频轨道中显示对应的音频信息，就说明朗读音频添加成功
了，如图14-27所示。

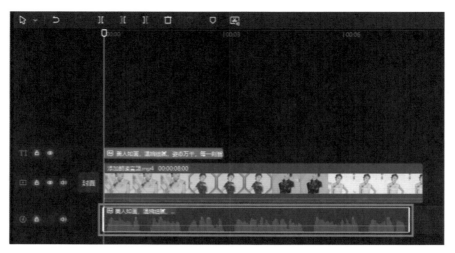

图 14-27　朗读音频添加成功

步骤 07 选择文本素材，单击"删除"按钮■，如图14-28所示，把多余的文字信息删除。

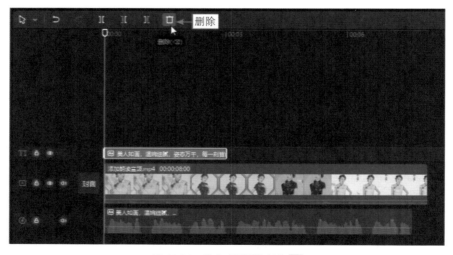

图 14-28　单击"删除"按钮■

【即梦 AI 篇】

第 15 章　文生图、图生图

在即梦AI平台中，用户可以使用"AI作图"功能，输入文字或上传图片生成AI图片（即文生图和图生图），为AI短视频的制作准备好图片素材。本章将为大家讲解文生图和图生图的具体操作技巧。

15.1 文生图

【效果展示】：在即梦AI平台中，用户只需输入文字信息，并进行简单的设置，即可生成一张AI图片，效果如图15-1所示。

图 15-1　输入文字生成的图片效果

15.1.1　输入文字信息

使用文字生成图片时，用户需要先根据自身需求输入文字信息，描述要生成的图片，下面就来介绍具体的操作步骤。

扫码看教学视频

步骤01 在浏览器（如360搜索）的搜索框中输入"即梦Dreamina"，单击"搜索"按钮进行搜索，单击搜索结果中的即梦AI官网超链接，如图15-2所示。

图 15-2　单击搜索结果中的即梦 AI 官网超链接

步骤 02 进入即梦AI的官网默认页面，单击页面右上方的"登录"按钮，如图15-3所示。

图 15-3　单击"登录"按钮

步骤 03 执行操作后，进入即梦AI的登录页面，选中相应的复选框，单击"登录"按钮，如图15-4所示。

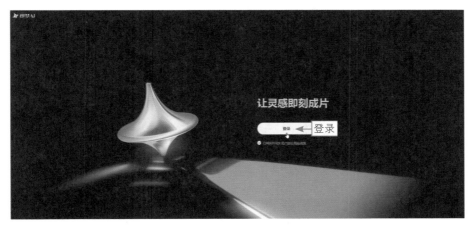

图 15-4　单击"登录"按钮

步骤 04 弹出"抖音授权登录"对话框，如图15-5所示，在该对话框中用户可以通过扫码授权或验证码授权（即通过手机验证码授权登录）进行登录。以扫码授权登录为例，在手机上打开抖音App并进行扫码，即可登录即梦AI平台。

步骤 05 进入即梦AI官网的"首页"页面，在"AI作图"选项区中，单击"图片生成"按钮，如图15-6所示。

步骤 06 执行操作后，进入"图片生成"页面，单击该页面左侧的输入框并用文字描述要生成的图片，即可完成文字信息的输入，如图15-7所示。

图 15-5 弹出"抖音授权登录"对话框

图 15-6 单击"图片生成"按钮

图 15-7 完成文字信息的输入

15.1.2　生成图片

扫码看教学视频

在即梦AI平台中输入文字信息之后，用户只需设置图片生成信息，即可快速生成图片，具体操作步骤如下。

步骤01 在"图片生成"页面中设置"模型"和"比例"信息，单击"立即生成"按钮，如图15-8所示。

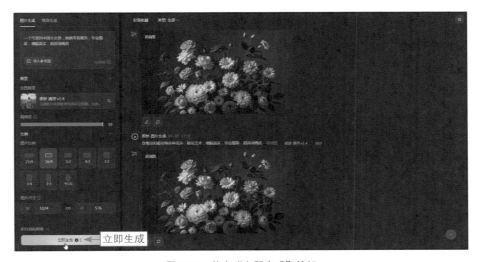

图 15-8　单击"立即生成"按钮

步骤02 执行操作后，会生成4张相关的AI图片，单击满意的图片中的"超清图"按钮 HD，如图15-9所示。

图 15-9　单击"超清图"按钮 HD

179

步骤 03 执行操作后，即可生成对应AI图片的超清图，如图15-10所示。

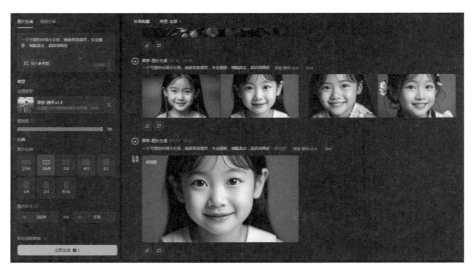

图 15-10　生成对应 AI 图片的超清图

15.1.3　下载图片

生成满意的图片之后，用户可以通过简单的操作，将图片下载至
自己的电脑中，下面就来介绍具体的操作步骤。

扫码看教学视频

步骤 01 将鼠标指针停留在需要下载的AI图片上，单击图片右上方的"下
载"按钮 ，如图15-11所示。

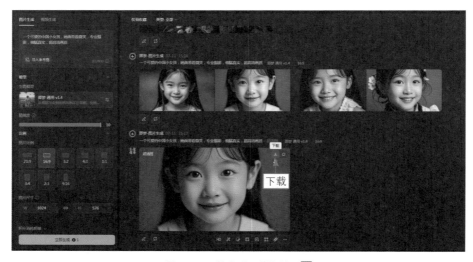

图 15-11　单击"下载"按钮 ⬇

步骤02 在弹出的"新建下载任务"对话框中设置下载信息，单击"下载"按钮，如图15-12所示。

图 15-12 单击"下载"按钮

步骤03 弹出"下载"对话框，如果该对话框的"已完成"选项卡中显示对应AI图片的相关信息，就说明该AI图片下载成功了。AI图片下载成功之后，用户可以单击"打开所在目录"按钮□，如图15-13所示。

图 15-13 单击"打开所在目录"按钮□

步骤04 执行操作后，即可进入对应的文件夹，查看下载完成的AI图片，如图15-14所示。

图 15-14　查看下载完成的 AI 图片

15.2　图生图

【效果展示】：在即梦AI平台中，用户除了使用文字生成图片，还可以使用图片生成图片，效果如图15-15所示。

图 15-15　通过图片生成的图片效果

15.2.1　上传图片素材

用户可以上传图片素材，让即梦AI平台根据图片素材生成AI图片。当然，要使用图片生成AI图片，还得先上传图片素材。下面就来为大家介绍上传图片素材的具体操作步骤。

扫码看教学视频

步骤01 进入"图片生成"页面，单击"导入参考图"按钮，如图15-16所示。

图 15-16　单击"导入参考图"按钮

步骤02 在弹出的"打开"对话框中选择要上传的图片素材，单击"打开"按钮，如图15-17所示。

图 15-17　单击"打开"按钮

步骤03 在弹出的"参考图"对话框中选择要参考的图片信息，单击"保存"按钮，如图15-18所示。

图 15-18　单击"保存"按钮

步骤 04 执行操作后,如果"图片生成"页面的输入框中显示刚刚选择的图片和参考信息,就说明图片素材上传成功了,如图15-19所示。

图 15-19　图片素材上传成功

15.2.2　生成图片

图片素材上传成功后,用户只需对生成信息进行设置,即可生成相关的AI图片,具体操作步骤如下。

扫码看教学视频

步骤01 输入图片的文字描述信息，设置"模型"和"比例"信息，单击"立即生成"按钮，如图15-20所示。

图 15-20　单击"立即生成"按钮

步骤02 执行操作后，即可根据上传的图片和设置的信息生成4张AI图片，单击满意的图片中的"超清图"按钮 HD，如图15-21所示。

图 15-21　单击"超清图"按钮 HD

步骤03 执行操作后，即可生成对应AI图片的超清图，如图15-22所示。

图 15-22　生成对应 AI 图片的超清图

15.2.3　下载图片

如果用户对生成的图片比较满意，可以将其下载至自己的电脑中，下面就来介绍具体的操作步骤。

步骤01 将鼠标指针停留在需要下载的AI图片上，单击图片右上方的"下载"按钮，如图15-23所示。

图 15-23　单击"下载"按钮

步骤 02 在弹出的"新建下载任务"对话框中设置下载信息，单击"下载"按钮，如图15-24所示。

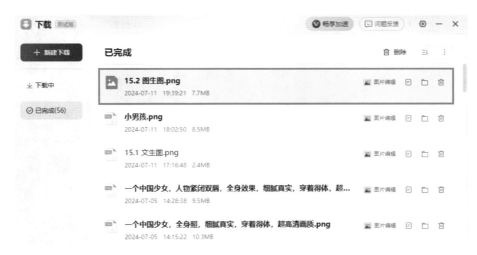

图 15-24　单击"下载"按钮

步骤 03 弹出"下载"对话框，如果该对话框的"已完成"选项卡中显示对应AI图片的相关信息，就说明该AI图片下载成功了，如图15-25所示。

图 15-25　AI 图片下载成功

第 16 章　文生视频

即梦AI是由剪映推出的AI创作工具，它旨在通过人工智能技术帮助用户轻松创作具有创意的图文和短视频内容。在即梦AI平台中，用户可以通过输入文本信息来生成短视频，本章就来讲解具体的操作技巧。

16.1　输入文本信息

借助即梦AI的"文本生视频"功能，用户只需输入文本内容（即提示词），便可以快速生成短视频，下面介绍具体的操作步骤。

步骤01 进入即梦AI的官网"首页"页面，在"AI视频"选项区中，单击"视频生成"按钮，如图16-1所示。

图 16-1　单击"视频生成"按钮

步骤02 进入"视频生成"页面，单击"文本生视频"按钮，如图16-2所示，进行选项卡的切换。

图 16-2　单击"文本生视频"按钮

步骤03 执行操作后，切换至"文本生视频"选项卡，单击该选项卡中的输入框，如图16-3所示。

步骤 04 在输入框中根据自身需求输入提示词，如图16-4所示，即可完成短视频文本信息的输入。

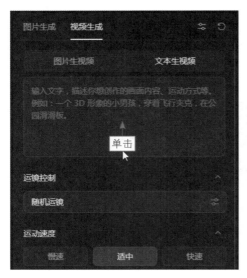

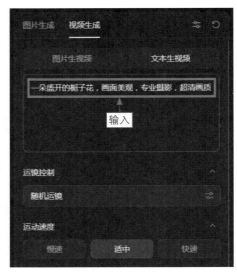

图 16-3　单击输入框　　　　　　　　　　图 16-4　在输入框中输入提示词

16.2　初步生成短视频

【效果展示】：在即梦AI平台中输入文本信息之后，用户可以对生成信息进行简单的设置，并初步生成AI短视频，效果如图16-5所示。

扫码看教学视频

图 16-5　初步生成的 AI 短视频效果

下面就来介绍设置信息并初步生成AI短视频的具体操作步骤。

步骤 01 使用即梦AI平台默认的短视频生成设置，单击"生成视频"按钮，如图16-6所示，进行短视频的生成。

图 16-6　单击"生成视频"按钮

步骤 02 执行操作后，系统会根据设置的信息生成短视频，如果"视频生成"页面的右侧显示对应短视频的封面，就说明短视频生成成功了，如图16-7所示。

图 16-7　短视频生成成功

16.3 调整短视频的效果

【效果展示】：初步生成短视频之后，如果用户对短视频的效果不太满意，可以通过一些简单的操作进行调整，从而生成一条更符合自身需求的AI短视频，效果如图16-8所示。

图 16-8　调整后的 AI 短视频效果

下面就来介绍调整AI短视频效果的具体操作步骤。

步骤 01 在"视频生成"页面中，单击需要调整的短视频下方的"重新编辑"按钮 ✎，如图16-9所示。

图 16-9　单击"重新编辑"按钮 ✎

步骤 02 执行操作后，在"视频生成"页面的"文本生视频"选项卡中，调整提示词，单击"随机运镜"按钮，如图16-10所示，进行运镜方式的调整。

步骤 03 在弹出的"运镜控制"对话框中设置运镜信息，如单击"变焦"右侧的 ⊕ 按钮，单击"应用"按钮，如图16-11所示，即可完成短视频运镜方式的设置。

图 16-10 单击"随机运镜"按钮

图 16-11 单击"应用"按钮

★ 专 家 提 醒 ★

除了单击"重新编辑"按钮调整短视频生成信息，用户也可以跳过单击"重新编辑"按钮的步骤，直接调整短视频的生成信息。

步骤04 如果"运镜控制"选项区显示相关的运镜信息，就说明运镜方式设置成功了，如图16-12所示。

步骤05 根据自身需求设置短视频的生成时长和比例等信息，单击"生成视频"按钮，如图16-13所示。

图 16-12 运镜方式设置成功

图 16-13 单击"生成视频"按钮

步骤06 执行操作后，即梦AI平台即可根据调整的信息，重新生成一条短视频，如图16-14所示。

图 16-14　重新生成一条短视频

16.4　下载短视频

扫码看教学视频

如果用户对调整后的短视频效果比较满意，可以将其下载至自己的电脑中，具体操作步骤如下。

步骤 01 单击对应短视频封面右上方的"开通会员 下载无水印视频"按钮，如图16-15所示。

图 16-15　单击"开通会员 下载无水印视频"按钮

步骤 02 执行操作后，在弹出的"新建下载任务"对话框中设置短视频的下载信息，单击"下载"按钮，如图16-16所示。

图 16-16 单击"下载"按钮

步骤 03 弹出"下载"对话框，如果该对话框的"已完成"选项卡中显示对应短视频的相关信息，就说明该短视频下载成功了，如图16-17所示。短视频下载成功之后，用户可以单击对话框中的"打开所在目录"按钮□，进入对应文件夹，查看下载完成的短视频。

图 16-17 短视频下载成功

★ 专家提醒 ★

即梦 AI 平台中生成的短视频是没有任何声音的，为了提升短视频的整体效果，用户可以将下载完成后的短视频导入剪辑软件中，并为短视频添加合适的背景音乐。

第 17 章　图生视频

在即梦AI平台中，除了可以使用文本，还可以使用图片生成AI短视频（即图生视频）。

具体来说，借助即梦AI平台的"图片生视频"功能，用户只需上传参考图，并进行简单的设置，即可生成相关的AI短视频，本章就来介绍具体的操作技巧。

17.1 上传图片素材

在即梦AI平台中使用图片生成短视频时，用户需要先上传图片素材。下面就来介绍使用即梦AI平台上传图片素材的具体操作步骤。

步骤01 进入"视频生成"页面的"图片生视频"选项卡，单击"上传图片"按钮，如图17-1所示。

图 17-1 单击"上传图片"按钮

步骤02 弹出"打开"对话框，选择需要上传的图片素材，单击"打开"按钮，如图17-2所示。

图 17-2 单击"打开"按钮

步骤03 执行操作后，如果"图片生视频"选项卡中显示图片信息，就说明图片素材上传成功了，如图17-3所示。

图 17-3　图片素材上传成功

17.2　初步生成短视频

扫码看教学视频

　　【效果展示】：图片素材上传成功之后，用户可以根据自身的需求对短视频的生成信息进行设置，并生成一条对应的短视频，效果如图17-4所示。

图 17-4　初步生成的短视频效果

下面就来介绍使用图片素材初步生成短视频的具体操作步骤。

步骤01 在"图片生视频"选项卡的输入框中输入文本内容，如输入"一只可爱的小猫，专业摄影，超清画质"，如图17-5所示。

步骤02 使用即梦AI平台默认的短视频生成设置，单击"生成视频"按钮，如图17-6所示。

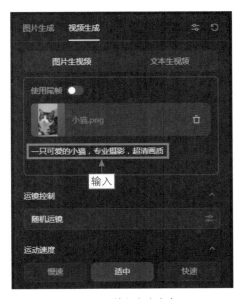

图 17-5　输入文本内容

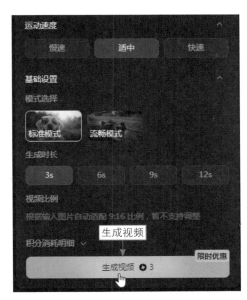

图 17-6　单击"生成视频"按钮

步骤03 执行操作后，系统会根据设置的信息生成短视频，如果"视频生成"页面的右侧显示对应短视频的封面，就说明短视频生成成功了，如图17-7所示。

图 17-7　短视频生成成功

17.3　调整短视频的效果

扫码看教学视频

【效果展示】：如果用户对生成的短视频不太满意，可以通过简单的操作，调整相关信息，并重新生成一条短视频，效果如图17-8所示。

图 17-8　调整后的短视频效果

下面就来介绍使用即梦AI调整短视频生成效果的具体操作步骤。

步骤01 在"视频生成"页面中，单击需要调整的短视频下方的"重新编辑"按钮，如图17-9所示。

图 17-9　单击"重新编辑"按钮

步骤 02 在"图片生视频"选项卡中，设置短视频的"运镜控制"和"运动速度"等信息，如图17-10所示。

步骤 03 在"图片生视频"选项卡中，选择短视频的生成模式，设置短视频的生成时长，单击"生成视频"按钮，如图17-11所示。

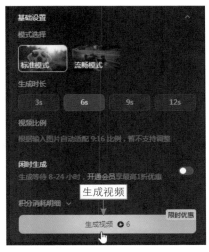

图 17-10 设置短视频的"运镜控制"和"运动速度"信息

图 17-11 单击"生成视频"按钮

步骤 04 执行操作后，即梦AI平台即可根据调整的信息，重新生成一条短视频，如图17-12所示。

图 17-12 重新生成一条短视频

17.4 下载短视频

获得自己满意的短视频效果之后，用户可以通过简单的操作将短视频下载至自己的电脑中，具体操作步骤如下。

步骤01 单击对应短视频封面右上方的"开通会员 下载无水印视频"按钮，如图17-13所示。

图 17-13　单击"开通会员 下载无水印视频"按钮

步骤02 执行操作后，在弹出的"新建下载任务"对话框中设置短视频的下载信息，单击"下载"按钮，如图17-14所示，即可将短视频下载至电脑中的对应位置。

图 17-14　单击"下载"按钮